JN492228

한옥의 美 ②

그리움으로 찾아가는 아름다운 전통 가옥과의 만남

한옥의 美 ②

서정호 저

경인문화사

들어가며 | 그리움으로 찾아가는 아름다운 전통 가옥과의 만남

일반적으로 한옥을 우리의 전통 건축양식으로 지은 집이라고 통칭하는데, 더 깊숙이 들어가 보면 한옥은 단지 건축양식일 뿐만 아니라 한반도의 자연환경과 각 지역마다의 고유한 생활 방식, 나아가 민족 특유의 정서와 심성까지 스며있는 복합적인 생활공간이다. 예컨대 한옥의 지붕에 쓰인 재료만 가지고도 지형과 자연환경, 집 주인의 신분까지 유추할 수 있다. 예외는 있으나 볏짚, 밀짚, 갈대 등으로 만든 집들은 주로 평야지대에 사는 서민들의 집이요, 나무껍질과 돌 등으로 만든 너와집, 굴피집, 점판암집은 산간지방에 거주하는 서민들의 생활공간이었다. 신분이 높은 양반들은 서민과 달리 환경적인 요소에 구애받지 않고 기와집을 지었는데 그럼에도 집의 배치나 내부 공간의 구성은 지역적인 특색을 띠었다.

한옥의 배치 구조를 들여다보면 자연과 벗 삼아 어울리고자 했던 우리 조상의 지혜를 엿볼 수 있다. 대부분의 주거용 공간은 태양의 흐름에 맞춰 동남향을 바라보고 장방형으로 배치했으며, 산을 등지고 남쪽으로 전망이 트인 곳을 명당으로 선택했다. 지붕 끝에는 처마를 만들었는데, 이 때문에 태양 고도가 높은 여름에는 한낮의 뜨거운 햇볕이 방 안에 들지 않아 시원하며, 겨울에는 낮게 비치는 햇빛이 방 안 깊숙이 들어와 일조량이 적은 시기에 공기를 데워주고, 창호지에 비추어진 햇살은 기나긴 겨울을 쾌적하게 해주는 역할에 중요한 요소가 되었다. 또 뒷 건물은 앞 건물보다 높게 기단을 만들어 태양 고도가 낮은 겨울에 집 안 가득 햇볕이 들게 했다. 이밖에도 서양의 건축물과 달리 한옥은 온돌 난방을 이용한 겨울공간과 대청마루를 이용한 여름공간이 하나의 공간 안에서 조화를 이루는 점도 매력적이다.

한옥이 자연과 함께 호흡하고 있음은 공간 구성에서도 찾아볼 수 있다. 부드러운 지붕선은 뒷산의 형상과 닮아 있는데, 때문에 자연과 집이 한데 어우러진 느낌을 들게 한다. 또 경사진 곳이라 해도 자연 지형을 거스르지 않고 그대로 짓는데, 이는 말 그대로 자연스러움을 최고의 아름다움으로 추구하기 때문이다. 이러다보니 집을 두르고 있는 담장은 그 높이가 제각각인데, 사실 담장은 '내 집'을 구분하기 위한 공간분리의 역할보다는 집 전체를 아늑하게 감싸면서 건물 외의 공간으로 장독대와 텃밭을 만들어 건물과 조화를 이루게 하는 역할이 더 크다. 한옥은 마당을 외부공간이 아닌 지붕이 없는 내부공간으로 여기는데, 이는 건물 내부에서 할 수 없는 추수, 잔치, 음식 준비 등을 마당에서 모두 해결했기 때문이다.

사실 이 책을 준비하는 동안 많은 고민과 갈등이 있었음을 여러분께 먼저 토로한다. 우선 한옥에 대해 여러 각도로 안내한 선학들의 저서가 이미 상당수 있으며, 특히 한옥의 특징에 대해 강조하고 싶은 관점에 대해서도 현재 한옥에 살고 있는 사람들의 의견 또한 분분하기 때문에 어떠한 시각으로 접근해야 할지가 가장 큰 고민이었다. 때문에 한옥을 답사하는 사람들의 주관적인 관점과 삶의 공간으로서 한옥에 살고 있는 분들의 관점 모두를 한데 묶는 과정이 쉽지 않았다. 게다가 한옥은 대부분 비슷한 배치와 구조를 갖고 있는 것처럼 보이지만, 자세히 들여다보면 하나 같이 같은 것이 없으며, 주인의 편리와 심성에 맞춰 다양한 구성과 형태로 독특한 멋을 내었기 때문에 객관적인 잣대로 아름다움과 실용성 등을 규정할 수 없어 필자의 주관적인 견해가 많이 반영되었음을 이해 바란다.

둘째, 현재에도 민간 주택으로 사용되고 있는 수천 채의 전통 한옥이 지정문화재로 등록되어 있음에도 실제로 한옥에 대한 깊이 있는 연구와 보존 활동은 보물과 중요민속자료로 지정된 몇몇에만 국한되어 있어 정보를 얻기가 쉽지 않았다. 그러나 다행인 것은 최근 들어 여러 지방자치단체들이 자기 지역의 한옥에 대한 홍보와 관광 상품 개발에 적극적으로 노력하고 있고, 많은 사람들이 고택 체험과 답사 등을 통해 얻은 정보를 온라인상에서 활발히 교류하고 있어 어느 정도 도움을 얻을 수 있었다.

이 책에서는 기존에 많은 연구가 이뤄졌던 한옥에만 국한하지 않고 각 지역별 지방문화재와 국가에서 지정하지 않았지만 우리의 옛 생활 모습을 그대로 담고 있는 여러 민속마을의 한옥까지 모두 담고자 노력했다. 그런데 지방문화재로 지정된 한옥의 대부분은 사람이 살고 있지 않은 빈 집으로 제대로 관리가 이뤄지지 않고 있으며, 보수공사 또한 공사하는 이들의 작업 능률과 금전적인 문제 때문에 원형이 훼손되는 쪽으로 진행되고 있어 안타까움을 금할 수 없었다. 이에 더 많이 훼손되기 전에 한 채라도 더 원형 그대로 한옥의 모습을 자료화하고 소개해야 한다는 의무감과 책임감을 답사하는 내내 지울 수 없었다. 그러한 책임감의 발로가 이 한 권의 책에 담겼다고 해도 과언이 아닐 것이다.

모든 한옥은 한 번의 답사로 마치지 않고 수년에 걸쳐 계절이 바뀔 때마다 찾아가 자연과 시간의 흐름에 따라 어우러지는 한옥의 아름다움을 찾고자 노력했다.

각 한옥별로 소개할 때는 고택의 주변 환경에서부터 시작해 점점 중심부인 정침正寢까지 세밀히 글과 사진을 실어 답사를 가지 않아도 전체적인 그림으로 머릿속에 떠올릴 수 있도록 노력했다. 다만 사계절 변화하는 한옥의 모습을 담고 싶으나 지면이 부족해 그럴 수 없었음을 양해 바란다. 또한 애초에 써놓았던 일부 원고와 상당수의 사진들 역시 지면 문제로 다 싣지 못하였음을 밝혀둔다. 저자로서도 아쉬운 부분이다.

우리 문화재를 향한 사랑과 보살핌은 단순히 역사 보존으로만 그치는 것이 아니다. 현재 우리 삶의 가치를 높이고 민족의 자부심과 역사에 대한 긍지를 느낄 수 있으며, 앞으로 후손들에게 가치 있는 선물을 남기는 중요한 일이다. 이 책이 전통 한옥의 우수성과 아름다움을 후손들에게 길이 전할 수 있는 작은 발판이 되어주기를 희망하며 글을 마친다.

2010년 정초에 즈음하여

아름다운 한옥 앞에서 서 정 호

차 례

韓屋의 美

9 대구 고택들

묘리마을과 삼가헌 | 달성 하목정

대구 고택들

묘리마을과 삼가헌 三可軒

중요 민속자료 제 104호 | 대구 달성군 하빈면 묘리 800

1

●●●

묘골(묘리)마을은 대구에서 왜관으로 가는 67번 국도를 따라 낙동강가로 가는 길의 우측에 자리하고 있는데, 국도에서 사방이 은폐되어 있는 것처럼 아늑한 계곡 안으로 들어가 자리하고 있어서 차가 다니는 큰길에서는 마을이 보이지 않는다. 이 마을의 풍수지리에 의하면, 용산龍山이라 부르는 배산을 등지고 있으며, 용의 꼬리와 머리에 해당되는 부분이 골짜기에 의해 떨어져 마주보는 형상에 자리하여 명당으로 일컬어진다. 이 마을은 충정공 박팽년(朴彭年, 1417~1456)의 자손들이 정착하여 살아온 순천박씨 집성촌으로, 마을의 가장 높은 산 밑 끝자락에는 종가의 정침이 자리 잡고 혈연의 위계에 따라 마을은 크게 반가영역과 민가영역으로 분리된다. 이 마을은 조선시대 사육신의 한분인 박팽년의 후손이 이룩한 동족부락이며 사육신을 향사하는 사당이 자리하고 있으며, 그 옆에는 보물 554호인 태고정太古亭이 자리하고 있다. 이 마을은 또 일제강점기 전까지만 해도 약 300여 호의 집이 꽉 들어차 있었다고 전하는데, 지금은 30여 호만이 남아 있으며 현재 여래 채의 주택들을 정비하느라 마을이 어수선하다.

사대부의 간결함이 느껴지는 태고정 난간

조선 중기의 정자인 태고정은 종가 뒤편의 산자락 아래 마을에서 가장 높은 상단부에 있다. 이 정자는 1479년(성종 10)에 박팽년의 유복손遺腹孫인 일산壹珊이 창건하였고 한다. 태고정은 막돌 허튼층쌓기식 기단 위에 갑석으로 잘 다듬은 장대석을 사용하였다. 그 위에 덤벙 초석을 놓고 둥근기둥을 세워 창방昌枋으로 기둥머리를 결구한 정면 네 칸 측면 두 칸 규모의 건물이다. 동측 두 칸은 대청마루이고 서측은 온돌방으로 되어 있으며, 팔작지붕과 맞배지붕이 조합된 형태다. 창건 당시에는 박팽년의 종택宗宅에 딸린 별당건물이었는데, 임진왜란 때 소실되어 일부만 남아 있던 것을 1614년에 후손들이 중건하였다 한다.

태고정 대청마루에는 일시루一是樓라는 편액이 걸려 있는데 박팽년 선생의 굳은 지조를 표현하듯 항상 바르고 올곧게 살고자하는 뜻이 담

온돌방에서는 보기 드문 태고정의 판문

태고정의 겹처마와 방주

태고정 대청마루의 상부 구조

벚꽃이 필 무렵의 육신사

긴 편액이다. 편액의 뜻처럼 건물 역시 군더더기 없고 반듯하면서 우아함을 지니고 있다. 방문들은 대부분 창호지를 바른 띠살무늬가 아니라 넌출문을 사용하고 있는 것이 특이한데, 이 판문에 의해서 하얀 회벽에 어울린 나무 판문이 부드럽고 따뜻한 인상을 준다. 서쪽 끝에 내민 한 칸의 방은 맞배지붕인 건물에 덧댄 팔작지붕으로 만들어 있는 모양이 매우 흥미롭다. 그리고 대청마루 뒤편 쪽마루에 섬돌을 두 곳에 놓아 평소에도 뒤뜰로 나가는데 편리하도록 한 배려가 돋보인다. 이 건물은 모든 부재가 반듯반듯한 목재만을 가공하고 넌출문에 바라지창도 국화정 같은 장식 없이 단순명료하게 하여 건립한 분의 정신세계를 느낄 수 있는 모습이다.

태고정은 대청마루에 앉아 발아래 보이는 묘골마을의 기와지붕 위로 멀리 보이는 산을 보는 맛이 일품이다. 지금은 사당인 육신사六臣祠 쪽으로 한 아름은 됨직한 거대한 벚나무들이 늘어서 있어서 그 꽃이 필 때면 태고정은 온통 하얀 꽃 속에 파묻혀 있는 듯한 착각마저 들게 한다. 특히 이곳은 이 마을의 가장 높은 곳에 위치해 있어서 멀리 마을 지붕선 위의 안산까지 볼 수 있으므로 전망이 시원하고 고풍스런 마을의 정취를 감상하기 좋은 위치에 있다.

태고정 옆에는 'ㄱ'자형 건물이 하나 더 있다. 가운데에 두 칸의 대청마루를 두고 태고정 방향으로 건넌방과 부엌에 붙은 안방이 있는데 안방 앞에는 툇마루를 두어 방으로 출입하기에 편리하게 만들었으며 대청과 온돌방 사이의 칸막이 벽은 가운데 넉살무늬의 문을 단 3분합문을 설치했다. 방 앞의 띠살무늬 분합 덧문은 사라지고 문설주에는 문을 달던 돌저귀만 매달려 있으며 이제는 미닫이문만 남아 있다.

태고정 아래 박씨의 종가댁은 '一'자형 안채와 좌우로 날개채를 두고 별도의 담장을 두른 가옥이다. 안채는 2벌대 막돌 허튼층쌓기 방식으로 기단 위에 정사각형으로 반듯하게 가공 된 초석을 사용하고 기둥은 방주를 사용하고 있다. 안채의 동쪽에는 반 칸 규모의 부엌을 두고 있는데 부엌 앞에 우물이 있고 툇마루에 의해 반 칸 후퇴한 곳간에 찬장을 벽에 매달아 밖에 설치하고 있는 것이 이 가옥의 특징 중 하나다. 그리고 부엌 옆에 두 칸의 온돌방과 이어서 두 칸의 대청마루를 두고 있으며, 서쪽 끝에는 전면에 함실아궁이를 갖춘 방이 자리 잡고 있다. 서쪽으로는 쪽마루를 두어 방에서 직접 마당으로 나갈 수 있도록 만들어 놓았다.

이 가옥 바로 아래에는 도곡재(陶谷齋, 시도지정문화재 제32호)가 있다. 도곡재는 처음에는 조선 정조 2년(1778)에 대사성인 서정공 박문현이 살림집으로 세운 건물이었으나, 정조 24년(1800) 경에 도곡 박종우의 공부방으로 사용되면서 그의 호를 따서 도곡재라는 이름을 붙였다 한다. 사랑채는 정면 네 칸 측면 한 칸 규모였으나 공부방으로 쓰면서 후대에 와서 퇴간을 달고 대청을 넓혀 누마루로 꾸몄다.

사랑채는 자연석 위에 네모기둥을 세운 납도리의 홑처마 팔작지붕 기와집이다. 이 사랑채의 마루에 앉아서 주변 경치를 보면 원경은 보이지 않는다. 그래서인지는 모르겠으나 대문채 옆에 조그마한 연못을 꾸미고 주변에 꽃나무를 심어 놓아 사랑 주인의 은닉하는 정서 생활을 엿볼 수 있는 장면이다. 연못을 감상할 수 있는 사랑마루는 마루의 구성이 매우 홍미롭게 만들어져 있다. 또 툇마루 끝에서 한 칸의 기둥 간격을 맞추기 위하여 마루 끝을 접어 기존의 건물 규모를 조정한 예로, 한옥에서 증축하는 기술의 묘미를 보여 주는 것이 홍미롭다.

이 누마루의 북쪽은 낮은 머름대에 청판을 대고 머름대 너머에 쪽마루를 단 것이 특이한데 왜 머름대를 단 칸막이가 필요했는가 하는 궁금

태고정 안채

증을 더해준다. 중문 쪽으로 마루 끝에는 띠살무늬 외짝문을 달아 방으로 들어가는 문을 만들어 놓았는데 이 방은 작은 반 칸짜리 방에 안채 쪽으로 반 칸은 아궁이를 만들고 상부는 다락으로 되어 있다. 안채를 바라보는 다락문에는 격자무늬로 만든 광창을 달았다. 사랑채 방에서 안채로 가는 곳에는 외닫이 격자무늬문을 두었는데, 이는 안채와 연결되는 동선이자 비가 올 경우는 추녀 밑으로 다니는데 불편하지 않도록 세심하게 배려한 건축적 표현이다.

안채는 'ㄱ'자 형태에 가운데를 대청마루로 하고 동쪽에 건넌방을, 부엌이 있는 서편에 안방을 만들어 놓았다. 부엌으로 들어가는 입구가 특이한데 부엌문이 아닌 안채의 남쪽 벽을 없애고 초가집으로 덧대어

눈썹지붕을 이용한 도곡재의 누마루

부엌 공간을 확대하여 사용하도록 하였다. 기와집에 초가지붕이 끝에 매달려 있는 모습이 더욱 운치를 더한다. 한편 동쪽 건넌방에는 맞배지붕의 안채에 눈썹지붕을 달아 아래는 부엌으로 사용하고 상부에는 다락을 두었다.

도곡재의 안채는 후원 쪽으로 툇마루를 설치하여 여름에 넌출문의 바라지창을 열면 후원으로 나가기 쉽게 만들어 놓았다. 그리고 안방에 딸린 부엌은 입구도 초가집으로 특이한데, 대부분의 가옥에서 부엌문으로 사용하는 형태인 넌출문이나 살창 대신 방문에서나 사용하는 띠살무늬 분합문을 설치해 더욱 인상적으로 보인다.

전체적으로 이 가옥은 사랑채의 외형이나 안채의 외형이 다양하게

도곡재 안채의 모습

눈썹지붕을 이용한 부엌

후원과 안채 서측면의 모습

필요에 따라서 공간을 확대하여 사용하는 예를 잘 보여주는 건물이다. 전통 한옥에서 집 주인의 필요에 따라서 융통성 있게 변형시켜 사용할 수 있는 사례를 보여 주는 주목할 만한 건물로 생각된다.

한편, 묘리마을 인근의 삼가헌(중요민속자료 104호)도 중요한 고택이다. 묘리마을 입구에서 67번 국도를 따라 조금 언덕 방향으로 지나면서 오른쪽으로 약 100m 정도 들어가면 남향한 넓은 대지에 평대문이 나타나고 좌측에는 100년은 넘어 보이는 탱자나무와 굴참나무가 위풍당당하게 서 있다.

평대문인 대문칸를 지나면 사랑채가 보이고 사랑채 대청에는 충정공의 11대손인 삼가헌 박성수가 영조 45년(1769)에 사랑채를 짓고 자신의 호를 현판으로 건 '삼가헌' 당호를 만나게 된다. 그 옆으로는 미수 허목의 글이 걸려 있어 답사객의 시선을 멈추게 하며, 같은 시야 안에서 약간 서측에 일각문 위로 별당을 세우고 주변과 연못에 각각 국화와 연꽃을 심은 아름다운 하엽정이 자리하고 있다. 하엽정은 가운데 한 칸의 마루를 두고 양편으로 방을 두었는데 이 방들은 툇마루를 통해 출입토록 되어 있으며, 서쪽 끝방 남쪽으로 연지를 향해 돌출된 누마루를 두었다. 연못을 향해 돌출된 이 누마루는 1.5m 정도의 높이로 3면에 하엽을 두른 계자난간을 두었다. 연당에 연꽃이 만발하는 여름날 방문을 활짝 열어젖히고 감상하는 연지의 풍광은 그야말로 절경이다. 우리 전통 건축에서 물은 매우 중요한 조경 요소이자 자연의 순리를 표상하는 매개물이었다. 조선시대의 정원은 거의 장방형으로 만들고 가운데에 원형의 섬을 만들어 봉래산이라 하였다. 여기서 방형의 못은 땅을 상징하고 원형의 섬은 하늘을 상징하여 우리의 고래사상인 천원지방의 사상을 드러내고 있다. 이는 사랑채 누마루 주추를 팔각으로 하고 기둥을 원형으

삼가헌 전경

연지에 비친 하엽정(파산서당)

차 한잔의 멋이 느껴지는 하엽정 누마루의 여름 오후 풍경

사랑채 툇마루의 두리기둥

로 하여 자연의 진리를 표현한 것과 비교되는 사상이다.

대문채로 들어서면 곳간문을 눈여겨볼 필요가 있다. 하나는 판문으로, 다른 하나는 널판에 번호를 붙여 끼운 문으로 만들어 대문을 중심으로 좌우가 조화를 이루도록 만들었다. 특히 곳간문의 문고리를 한 장의 널판으로 예쁘게 덧대어 보는 이들에게 튼튼한 이미지를 강조하고 있다.

사랑채는 'ㄴ'자로 두 칸의 사랑방과 두 칸의 대청이 연이어 있으며, 사랑대청에서 안채 쪽으로 꺾어져 돌출된 한 칸의 마루와 이어 붙은 방은 이 집의 책들을 보관하거나 필요에 따라 상청喪聽을 차리던 공간이다. 이 부분에 조선시대 명필가 미수 허목의 글이 걸려 있어 집의 위용을 더해준다.

안채는 사랑채 양옆의 중문을 통해서만 출입이 가능토록 되어 있는

넌출문과 쪽널을 끼운 대문간 뒤주

데, 이 출입 동선에도 몇 번의 꺾음을 두어 안채로의 출입에 의도적인 거리감을 두고 있다. 특히 중문이 초가집인 점이 눈에 띄는데, 사랑채 좌측에서 안채로 가는 출입문이자 디딜방앗간을 겸한 건물이 그것이다. 이는 궁궐에서도 꼭 한 채 정도의 초가를 두는 이유와 같은 이유일 것으로 생각된다. 대개 사대부집에서는 디딜방아나 연자방아가 있는 건물을 초가집으로 짓는 예가 많다.

안채는 'ㄷ'자형으로, 정면 여섯칸 측면 두 칸 규모다. 두 칸의 안방과 두 칸의 대청마루를 가운데 두고 우측으로 부엌을 두었는데, 이 부엌의 상부에는 다락을 두어 이곳에 주로 건어물을 비롯한 음식거리를 보관한다. 이 다락으로 올라가는 계단은 중앙에 수직 기둥을 세우고 발판을 한 개 정도 둔 통나무를 깎아 만들었으며, 안방 앞 툇마루 공간을 효과적으로 절약하는 묘미를 느끼게 한다. 부엌은 서편에 두었는데 판재 두

사랑채 반자와 서까래의 연결

격자살 판문 위에 걸린 미수 허목의 글

안채 전경

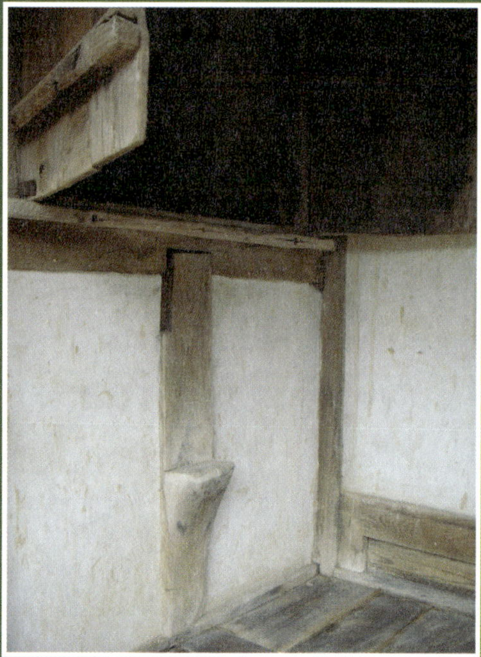

다락으로 오르는 계단

소박한 중문채 초가지붕

개를 이어 만든 널문을 두고 옆에 채광 및 통풍을 위한 살창을 앞뒤로 만들었으며 문틀 위에 덧대서 다락을 두었다.

안채의 북쪽 판벽에는 바라지창을 만들었는데 그 판재의 조립이 아름답다. 바라지창 뒤편에 툇마루를 두어 여름에는 뒤뜰과 연결되도록 하였다. 안방 후원으로 별도의 담을 만들어 안채의 사생활을 보호한 배려도 돋보인다. 이 후원은 안채의 안주인만 사용하는 전용공간으로 다른 가옥에서는 좀처럼 보기 드문 사례이다. 안채 대청마루에 앉아보면 정면으로 두 개의 환기창만 뚫린 사랑채 뒷벽이 눈앞을 가리고, 좌측에는 중문채인 디딜방앗간과 마구간이 눈에 들어온다.

안대청 좌측으로는 건넌방을 두었는데 이곳은 며느리의 거처로 주로 사용되었으며, 건넌방 부분에서 중문채 쪽으로 돌출된 한 칸의 방을 이 집에서는 갓방이라고 부르는데 이곳은 안손님들이나 이 집에서 출가한

보온과 방재를 위한 부엌의 화방벽

안방 뒤곁 협문에 기대선 굴뚝

딸들이 해산을 하러 친정으로 왔을 때 주로 사용하던 방이다. 안채 모서리에 마루방을 만들고 아래에 아궁이를 두어 건넌방에 불을 지피도록 하였다. 또 아궁이를 만들고 사람이 드나들기 편하게 마루를 높여 마루가 높아짐으로써 안방 앞에 있는 머름이 없어지게 되었다. 건넌방까지 연결된 마루가 높은 기단에 의해 누마루처럼 높게 느껴지게 만들어 방 안에 점잖은 여인네들이 실내에서 생활하는 모습을 보호할 수 있도록 한 배려와, 동편에 창문을 만들어 담장 너머로 뒷산의 변화되는 경치를 감상하도록 한 배려도 돋보인다. 또 좁은 안마당에 사랑굴뚝이 자리하고 있어 답답하게 느껴질 것을 예측한 듯 기와로 겹겹이 쌓아 만든 앙증맞고 자그마한 굴뚝에 우진각 지붕을 갖춘 조형물로 멋을 대신하고 있다. 그러나 안타깝게도 안채가 누전에 의해 전소되었다. 이 책의 사진이 자료로 남게 되었다.

안채와 사랑채 좌측 부분에는 우물과 큰 곳간이 있는데, 곳간은 대개 안주인이 관리하는 곳으로 큰 장독들을 보관하던 공간이었으며 봉창에 살창을 달아 자연스러운 통풍을 배려하였다. 특히 이 집의 부엌 벽은 화방벽으로, 화재에 대한 안전과 온도 변화로부터 안정을 유지할 수 있도록 했다. 또 부엌에서 측간이나 장독대로 가는 곳은 지형의 높낮이를 고려하여 널판을 다리로 삼아 건너도록 만들었는데, 역시 흥미로운 건축적 기능적인 표현이다.

달성 達城 하목정 霞鶩亭

시도유형문화재 제36호 | 대구 달성군 하빈면 하산리 1043-1

2

이 가옥은 성주대교가 바라다 보이는 곳의 마을 위쪽에 자리하고 있는데, 임진왜란 때의 의병장 낙포洛浦 이종문李宗文이 선조 37년(1604)에 세운 정자로, 안채와 사당을 갖춘 사대부집의 규모다. '하목정'이라는 정자형 사랑채의 이름은 왕위에 오르기 전에 이곳에서 잠깐 머물렀던 인조(재위 1623~1649)가 나중에 이종문 선생의 첫째 아들인 이지영에게 직접 써주었다는 현판으로, 이 편액은 지금도 정자에 당당히 걸려 있다. 하목정은 낙동강이 정자 아래로 흐르는 아침에 물안개가 피어오르면서 따오기가 나는 모습이 너무나 아름다워 지어진 이름이라지만, 현재는 낙동강 물길이 바뀌고 대구와 성주를 잇는 30번 국도의 다리인 성주대교로 인하여 편액의 의미와 같은 옛 풍경은 느낄 수 없다.

하목정의 사당은 안채의 지붕선보다 매우 높게 자리하여 마을 앞에서 보면 안채 위에 사당이 올라앉아 있는 것처럼 보인다. 사당 앞의 배롱나무는 수백 년 세월의 표현인지 가지가 바닥을 기어가면서 사방으로 뻗어 사당 앞마당이 배롱나무에 의해 공간을 만든 것처럼 느껴지는데 여름에는 빨간 꽃들이 사당을 온통 뒤덮어 감싸고 있어 어디서나 흔

사랑채인 하목정의 모습

히 볼 수 없는 배롱나무의 멋들어진 어울림을 느낄 수 있다.

또 정자 마루에 걸터앉아 낙동강 쪽을 보노라면 이 집 주인이 강가의 물을 산보다 더 좋아했음을 짐작할 수 있다. 최근에는 정자 한 켠에 연지를 조성하였는데 이상하게도 물이 한 점도 없다. 이는 이 곳 지반이 모래라서 물이 고이지 않는다는 것을 모르고 양반집 사랑채에는 무조건 연지가 있어야 된다는 무지가 낳은 문화재 복원의 실패 사례다. 종손의 말에 의하면 지금도 하목정에는 물이 나지 않으며, 예전부터 마을 아래에서 물을 길어다 먹었다고 한다.

사랑채로 사용하는 하목정은 전면 네 칸에 측면 두 칸 규모이며, 지붕은 겹처마 팔작지붕이다. 건물의 모양은 동서쪽인 낙동강을 바라보는 'ㅜ'자형 구조로 되어 있다. 전체적인 건물이 높아 마루에 올라가려면 두 개의 섬돌을 거쳐야 하며, 일반적인 가옥의 대청마루보다 높아 시원스러운 맛이 있다. 또 일반 백성들의 주택에는 서까래 위에 덧서까래인

박공널판의 자연스러운 표현이 아름다운 하목정

하목정 편액과 천장가구

사당 가는 길의 배롱나무와 돌계단

파련대공과 대들보 가구법

세월의 흐름이 엿보이는
아름다운 판문

기와집 추녀에서 보기 드문
원형 곡선의 방구매기

부드러운 처마 곡선이 아름다운 하목정

부연을 달지 않는 것이 일반적인 일이지만 인조가 왕명으로 이 집에는 부연을 달도록 허락해 줌으로서 겹처마 구조로 되어 있다. 기와지붕을 한 하목정 처마 끝을 초가집에서나 봄직한 방구매기한 모양으로, 처마 끝을 부채 모양으로 곡선 처리하여 귀솟음의 날카로움을 없앤 것이 이 집의 멋 가운데 하나다. 현재 사랑 도리와 보에는 김명석, 남용익 등 많은 선비들이 하목정의 아름다움을 노래한 현판들이 걸려 있다. 특히 기둥은 관아 건물이나 사찰 건물에서나 사용했음직한 굵은 원기둥이 듬직하며 나뭇결이 잘 표현되고 튼튼한 느티나무 기둥을 전면에 세워 나무 목질의 아름다움을 맘껏 뽐내고 있다. 또 팔작지붕에서 천장가구 구

사당의 겨울 풍경

조로 많이 사용하는 가구법인 눈썹반자를 아름답게 표현해 선자연 서까래와 종도리가 만나는 부분을 슬기롭게 표현하였다. 여기에 건물의 전체 기둥이 한 아름 크기의 원주로 되어 있어 튼튼하고 우람한 동시에 천정을 높게 하여 날렵한 느낌도 살렸다.

이 가옥은 한국전쟁 때 하목정인 사랑채를 제외한 모든 건물이 불타 없어지고 현재 있는 '一'자형 안채만 최근에 복원해 놓았다. 안채 앞에 행랑채 곳간채 등이 있었다고 하나 지금은 빈 공터만 남아 있다.

10 경남 고택들

일두 정여창고택 | 함양 허삼둘가옥 | 동계 정온선생가옥

경남 고택들

37
위천
37
동계정온선생가옥
금원산
거열산성
위천면
황적산
거창 →
농월정
26
안의면
35
대전–통영간고속도로
함양
허삼둘가옥
24
지곡IC
남강
개평리마을
일두정여창고택
승안산
12
88올림픽고속도로
남계서원
3
함양
분기점

일두一蠹 정여창고택鄭汝昌古宅

중요민속자료 제186호 | 경남 함양군 지곡면 개평리 262-1

1

● ● ●

안의에서 함양으로 가는 중간에 지곡면사무소가 있는 지곡면 개평마을이 있다. 이곳에 조선시대 성리학의 대표적인 인물인 일두 정여창 선생의 고택이 있다. 우리가 조선시대 학문과 문벌의 양반을 평할 때 흔히 '좌안동 우함양'이라는 말을 하는데 우함양의 대표적인 사람이 바로 정여창이다.

하동정씨 집성촌인 개평마을은 비교적 평평한 지역으로 개울이 마을을 감싸 안고 있다. 지형이 마치 댓잎 네 개가 붙어 있는 개介자 형상이라 마을 이름을 '개평마을'로 붙였다 한다. 마을로 가기 위해 개울 다리를 넘으면 오른쪽 왼쪽 양 갈래 길이 나온다. 오른쪽은 새로운 문명의 혜택으로 만들어진 길이다. 왼쪽 길을 따라 지곡초등학교 쪽으로 걸어가면 마을 돌담길의 담장이 길게 늘어서 있고, 개울을 따라 전통 한옥들이 서로 기대어 다정하게 자리 잡은 마을로 들어간다. 이곳의 가장 중심이 되는 높은 자리에 일두 정여창 고택이 자리하고 있다.

개울 건너 언덕 위에는 마을이 형성되면서 심었다는 거대한 노송이 멋지게 줄지어 서 있다. 이곳에서 마을을 바라보면 기와집이 옹기종기

개평리 마을의 고즈넉한 풍경

멋진 자태를 뽐내고 있다. 지금도 마을에서는 조상들의 숨결이 느껴지는 듯하다. 이 마을의 집들은 대부분 돌담을 담장으로 둘렀다. 담에는 기와를 얹었고, 담장 밑에는 꽃을 심어 아름답게 꾸몄다. 정비 사업 이후 마을의 담장이 토석 혼축 담으로 변하고 있지만, 몇 집은 자연스럽고 멋들어진 탱자나무 울타리를 담장처럼 사용해 자연미를 더해준다. 특히 정여창 고택의 고샅으로 가는 돌담 위로 담쟁이넝쿨이 푸르게 자라나면 골목의 풍경이 더욱 자연스러워진다.

이 마을에는 우물에 관한 이야기가 전해진다. 개울 왼쪽을 따라 마을 안으로 들어가다 보면 우물이 있고, 그 우물자리를 표시하기 위한 종바위가 있다. 이 우물은 개울(옥계천) 좌우로 자연암반 위에 있던 샘물 다섯 개 중 하나였다고 한다. 마을이 풍수지리학적으로 배의 형상이라 우물을 파면 가라앉는다는 전설이 있어 마을 사람들은 이 다섯 개의 우물 말고는 더 우물을 파지 않았다는데, 일제강점기 때 이를 무시

운치 있는 돌담과 고택의 고샅

아름다운 냇돌로 만든 대문채의 화방벽

담장으로 엄격히 나뉜 안채와 사랑 공간

시원한 공간의 사랑마당

하고 초등학교를 지으면서 우물을 판 뒤 마을이 점차 기울기 시작했다고 한다. 믿거나 말거나지만 마을을 거닐면서 빈 고택들을 보며 혹시 이 이유 때문은 아닐까 궁금해졌다.

현재 일두고택은 강돌로 포장된 골목길로 접어들다가 막다른 듯한 곳인 고샅 끝에 있다. 대문은 동쪽을 바라보고 높게 솟은 솟을대문이다. 솟을대문 옆에는 하마비下馬碑가 담장 아래 놓여 있다. 예전에 이 집을 찾아 온 사람들은 말에서 내려 고샅을 걸었을 것이다. 솟을대문이 있는 대문채는 둥글둥글한 냇돌을 이용하여 쌓은 화방벽이 너무나 자연스럽다. 그 위에는 대문채의 하인방 창문이 꾸며져 있다.

이 가옥의 솟을대문에는 벽사 의미가 있는 호랑이 뼈나 가시가 많은 오가피나무가 아닌, 청패青牌라는 나라에서 내린 정려旌閭패인 효자문 문패가 다섯 개나 걸려 있다. 정려旌閭패인 효자문 문패를 세운 기둥을 받치는 길고 둥근 돌기둥은 문설주와 어울려 고풍스러움을 더한다. 정려는 붉은 칠을 한 판에 흰색 글씨로 쓰여져 있어 선명하게 시선을 사로잡는다.

정려문 아래로 조심스럽게 들어가 마당에 들어서면 정면에 안채로 가는 일각문이 보이고, 오른편으로 넓은 사랑마당에 잘 다듬은 디딤돌과 소맷돌을 갖춘 사랑과 오르는 계단이 보인다. 비교적 높은 축대 위에는 사랑채가 앉아 있고 안사랑채로 이어지는 쪽담 아래에는 두 그루의 구불거리는 노송이 사랑채 누마루에 기대어 심어져 있다. 수 백년은 됨직한 노송은 전통 건물의 고풍스러운 운치와 기풍을 더해준다. 사랑채는 대문채에 들어서면 위쪽으로 우러러 보게 되는 처마는 하늘로 비상하는 형상이다. 이 가옥의 사랑채 방문 위에 천장까지 닿도록, 소위 대문짝만하게 써놓은 '충효절의忠孝節義', '백세청풍百世清風'이라는 글씨가 집안의 분위기를 압도한다. 다른 사대부집에서 볼 수 없는 특별한 글씨의 크기에 위엄이 느껴진다. 대문채는 쪽마루를 두어 좌우 두 칸씩 네 칸의 방을 꾸미고 좌측 끝에 사랑측간를 만들어 놓았다. 이 집은 사랑채를 비롯하여 안채, 별당인 안사랑채, 사당, 곳간 등이 별도의 담장으로 구분되어 있다.

사랑채 옆의 곳간채의 중간에 세워진 일각문을 거쳐 안채 영역으로 들어갈 수 있는데, 일각문에 들어서면 또 한 번 중문을 통과해야 한다. 남향한 '一'자형의 큼직한 안채는 경북 지방의 폐쇄적인 공간과는 달리 아래채와 곳간채, 사랑채가 일정한 여백을 두고 개방적으로 분할되어 있다. 일각문을 지나 사랑채 끝에 연결된 중문 아래채의 왼쪽으로는 네 칸짜리 판자벽으로 만들어진 안곳간채가 나온다. 안채의 오른쪽인 서쪽으로는 안사랑채가 있고, 안채 뒤편에는 별도의 담장으로 구획된 겹처마에 단청이 화려한 세 칸짜리 사당이 있다. 사당 옆에는 다섯 칸에 두 칸 크기의 큰 곳간채가 있다. 큰 곳간채는 중앙에 넓은 판자로 두꺼운 배목을 갖춘 문을 달고, 널판을 이용한 판벽으로 만든 벽을 바라보노라면 절로 튼튼함이 느껴진다.

이 집에서 건립 연대가 가장 오래된 안채는 사랑채보다 건축 연대가 더 올라가서 약 300년 전 청하현감을 지낸 선조先祖가 중건했다고 한다. 이 고택은 양반가의 정갈한 기품이 가득다. 집안은 항상 마당 가득히 햇살이 들어오고 사방으로 바람이 지나가니 밝고 시원한 느낌을 준다.

사랑채 계단에 올라서면 특이하게도 디딤돌인 섬돌로 기둥과 기둥 사이를 꽉 맞게 잘 다듬은 장대석을 2단으로 쌓은 모습이 보인다. 신을 벗고 드나들기 편하게 널찍한 디딤돌을 만든 것이다. 또 기단이 높아 건물이 높게 들려 있는 형상이니 마루 아래가 보일까봐 마루 아래를 나

사랑채와 사랑 곳간채

사랑 누마루의 아름다움

음기가 센 자리인 사랑채를 다스리는
누마루 아래의 선돌

사랑에 붙은 측간

여덟모를 접은 창을 둔 삼분합 불발기창의 멋

사랑대청에 걸린 '백세청풍' 편액

무 널로 막은 모습도 눈에 띈다. 그 결과 기단 부분이 듬직하게 보인다. 목수의 감각적인 기교가 표현된 부분이다. 사랑방의 후면에 붙여 있는 마루방은 사랑방과 미닫이로 연결되어 있다. 안채로 통하는 매개 역할을 하는 마루는 긴 마루널인 청판을 이용한 장마루 형식으로, 대청에 사용하는 우물마루와는 다른 형식의 마루다.

사랑채는 'ㄱ'자 모양으로 정면 다섯 칸, 측면 두 칸의 크기로 동쪽에 누마루를 꾸며 놓았다. 안채의 마당과 높이를 수평으로 맞추다 보니 기단이 높아진 것이다. 이 마을에서 가장 높은 이 집의 안채에서 동남쪽으로 경사를 절묘하게 표현한 모습을 볼 수 있다. 이 건물은 안채로 들어가는 일각문과 중문 아래채가 나란히 '一'자형으로 결합된 형태

사랑 방문 건너로 보이는 안채 기둥선의 표정

로, 전후퇴를 널찍하게 둔 사랑방을 중심으로 왼쪽으로는 두 개의 건넌방과 누마루를 내어 달았다. 중문 아래채와 연결되는 오른편으로는 두 칸의 대청마루를 만들고 툇마루를 꾸민 것이 이 집의 특별한 마루 형식이다. 뜨거운 여름, 툇마루와 연결되는 4분합문을 들어 처마에 걸면 네 칸 크기의 커다란 대청마루로 변신하는 것이다. 이곳에 앉아 석가산을 바라보는 멋은 한옥과 자연의 앙상블을 보는 것이다.

사랑방은 겹집 평면으로 고방을 붙여 서재로 사용했다. 안채 쪽으로 커다란 광창을 만들고 은은한 창호지를 발라 부드러운 햇살을 방 안 가득히 담을 수 있도록 했다. 막돌허튼층쌓기를 한 기단 위에 소맷돌을 갖춘 돌계단에 올라서면 자연석 주춧돌을 사용하여 원기둥을 세운 5

량 집 모습이 드러난다. 다섯 개의 수평으로 지붕을 받치는 부재인 도리가 꾸며진 겹처마 팔작지붕을 하고 있다. 겹처마는 서까래에 덧대어 네모나게 각진 부연이라는 나무를 서까래 앞에 대는 방식이다. 이 부재를 대면 처마가 길어지고 처마 끝이 약간 솟아나 날렵하고 고풍스런 처마의 모습을 갖추게 된다.

사랑채에서 방문을 열고 마당을 내려다보면, 넓은 사랑마당 앞 담장 아래로 돌을 모아서 산과 골짜기를 만들고 갖가지 나무를 조화롭게 심어놓았다. 집터에 딸린 숲처럼 석가산을 아름답게 만들어 꾸몄다. 이 집 주인은 사랑채에 앉아서 자연의 아름답고 이상적인 모습을 하나씩 만들어 놓고, 이름을 붙이면서 호연지기를 뽐냈을 것이다. 그러나 지금은 소나무와 몇 개의 괴석만이 그때의 모습을 전달해 줄 뿐, 왠지 짜임새가 엉성해진 느낌으로 옛 모습 그대로를 볼 수는 없는 것이 아쉽다.

사랑방과 건넌방 사이에는 아궁이를 두어 겨울에는 온돌에 불을 때게 했고, 아궁이 상부는 외닫이문으로 꾸며 사랑방에서 올라가는 다락을 만들었다. 이곳에 사랑방에서 쓰는 세간들 일부를 넣어두었다. 사랑대청과 사랑방에는 여덟모를 접은 광창을 둔 3분합 불발기창을 두었다. 필요에 따라 문을 천장에 메달아 놓음으로써 공간의 활용도를 높인 것이다. 이렇게 난방을 하는 온돌과 여름용 마루가 하나의 공간에서 다르게 위치할 수 있었던 것은 한옥에만 있는 불발기창 덕분이다. 사랑채 누마루 창고에는 지형의 기운을 다스리고자 만든 보물이 있다. 남자 성기처럼 만든 성돌로 마루 밑에 재단을 만들어 모셔 놓고 있는데, 이 석물을 보면서 풍수사상을 슬기롭게 해결한 집 주인의 지혜와 겸손을 배울 수 있다.

한옥에서 방문은 '출입의 기능'을 수행하면서 '채광과 통풍'의 역할

사랑채와 안사랑채를 나누는 담장과 노송

도 한다. 이 때문에 불발기문과 불발기창이란 용어를 혼용해서 쓰는 경우가 많아 사람들에게 혼동을 주기도 한다. 문살은 대부분 길상자인 '아亞'자문이나 '용用'자 무늬를 이용하여 문의 아름다움과 함께 주인의 마음을 표현한다. 일두 정여창 선생의 고택 사랑방도 덧문을 통해 들어오는 햇살이 미닫이문의 창살 형태로 투영되어 의장적인 멋을 느껴지게 만든다. 또한 미닫이를 열 때는 벽 안으로 들어가도록 두껍닫이를 만들었다. 방 안의 창문의 문틀과 문이 벽과 일체화되는 기법을 사용한 것이다. 이 역시 한옥에서만 보고 느낄 수 있는 멋이다. 미닫이가 숨어들어가는 두껍닫이에 멋진 시라도 붙어 있으면 선비의 멋과 방의 고풍스러움은 더해진다. 우연히 사랑채에서 마루방을 열면 안채의 처마 끝과 일직선을 이룬 약간 비스듬한 안채의 각도에 안채의 기둥들이 나란히 줄을 지어 서 있는 모습이다. 우연치고는 너무도 흥미롭다.

안채로 가는 길은 사랑채 앞을 지나가는 방법 밖에 없는 것이 여느 사대부 집과 마찬가지다. 그러나 항상 바깥주인의 눈을 벗어나지 못하는 폐쇄적인 곳은 아니다. 이 집도 바깥사랑채에서 동네로 나가는 담장 아래 협문이 있고, 안채는 넓은 후원을 두어 바깥에 나가지 않고도 텃밭에서 채소를 손수 가꾸어 먹을 수 있도록 하였다. 중문인 일각문에 들어서면 왼쪽 곳간 뒤로 너른 텃밭이 나온다. 안채의 안곳간채 뒤에도 넓은 채소밭이 있어 개방감을 준다. 그러나 이 두 공간은 담장으로 구분되어 남자하인들이 사용하는 공간과 엄격히 구분되어 있다.

한편, 안채로 가는 길은 사랑채 옆의 협문과 바깥사랑채 옆의 협문으로 연결된다. 중문 아래채 앞을 지나 정면의 담벽 아래에서 오른쪽으로 난 중문으로 들어서기 위해서는 대각선으로 돌아가는 자연석 석계를 하나씩 올라서야 한다. 사랑채에서 심부름하는 하인들이 창고나 창고 뒤편 텃밭에 다니면서 안채를 직접 보지 못하도록 화단과 담장으로 시선을 차단하도록 꾸민 것이다. 중문 아래채의 끝 칸에 대문을 꾸미고 자연적으로 높은 계단을 사용해 안채의 사생활을 보호했다하니, 그 얼마나 세심한 곳까지 신경써 자연의 형태를 건축으로 승화시킨 것인지 새삼 감탄하지 않을 수 없다.

중문으로 들어서면 반듯한 안마당이 나오고, 외벌대 기단 위로 넓적한 자연석을 주춧돌 삼은 방형의 두툼한 기둥이 둥글게 활처럼 휜 보를 건장하게 받치고 있다. 정면 일곱 칸 측면 한 칸의 5량 집 안채다. 안채는 중앙에 두 칸짜리 대청마루를 두고 앞뒤 툇마루를 꾸며 놓았으며, 오른쪽으로 두 칸의 안방과 한 칸 반의 부엌을 두고 있다. 부엌과 안방 뒤쪽에는 툇마루를 달았다. 대청마루의 왼쪽에는 며느리가 기거

개방적이고 경쾌한 느낌의 안채

안사랑채에서 안채로 가는 협문

하는 방으로 상방, 건넌방이 사랑과 가까운 쪽에 위치한다. 상방의 반 칸을 늘려 판벽에 띠살무늬가 아름다운 광창과 마루바닥으로 꾸민 서재 겸 여름에 사용하는 방을 두었다. 며느리가 더운 여름 시원하게 마루에 드러눕고 싶어도 시어머니 눈치와 하인들의 눈치에 편할 수가 없으니 안주인이 쉬는 장소로 운치 있고 편안한 공간을 만들어 놓은 것이다. 주인의 생각과 목수의 생각이 건축물로 절묘하게 표현되었으니 그 멋이야 어떻게 표현할 수 있겠는가. 오직 감탄과 찬사를 보낼 뿐이다. 이 아궁이는 남부지방 주택에서 많이 보이는 형태로 전면에 함실아궁이를 두는 방식이고, 상부는 방에 덧문과 툇마루를 누마루에서처럼 머름판을 대어놓았다. 여름에 문을 열어놓아도 마당에서 일을 하는 하인들의 눈에는 보이지 않는 높이로 머름대를 꾸며놓았다. 더욱이 박쥐무늬 머름판을 투각하면 멋도 있고 좋으련만 청판에 구멍을 만든 풍혈은 만들지 않은 것은 방에 있는 사생활 보호를 위해 취해진 당연한 조치일 것이다.

안채의 섬돌 크기에 우리는 깜짝 놀랄 수밖에 없다. 대청마루 두 칸 크기의 잘 다듬은 디딤돌에서 안채의 위풍을 느낄 수 있다. 이 돌을 어떻게 중장비도 없이 가공하여 여기에다 놓았는지 궁금증이 풀리지 않는다. 집을 다 지은 뒤 에 이들을 여기까지 갖다 놓을 수는 없는 일이고, 그렇다면 이 집을 지은 목수는 미리 이 돌을 만들어 안채 디딤돌로 사용할 계획을 세운 다음 집을 지을 때 이 돌을 주춧돌과 함께 가져다 놓았을 것이다. 이렇게 정성 들여 축조된 가옥은 천년을 위해 짓는다고 한다. 그래서 지금까지 보존되어오고 있는 것이다. 지금의 주택들은 어떠한가? 30년만 지나면 재개발되고, 콘크리트의 수명도 200년을 못 간다니 전통 한옥의 위력을 다시 한 번 느끼게 된다.

대청마루의 뒷벽을 차지하는 바라지창은 넓은 널판 두 장을 연결하여 듬직하게 만들었고, 세월이 느껴지는 나무 판문의 소나무 결은 그림에서는 나타나기 어려운 생명력이 느껴진다. 대청에서 앞을 보면 시원한 개방감이 아름답고, 바라지창문 밖에는 활짝 함박웃음을 주는 함박꽃이 가득하니 아름다움과 행복이 가득한 집이 아닐 수 없다.

안채 서쪽 끝에 꾸며진 부엌은 2분합 널판문으로 되어 있다. 치마 입은 여인네들이 드나들기 편하도록 문지방을 아래쪽 가운데가 둥글게 된 나무를 사용하여 월방을 만들었다. 부엌문의 격자형 광창 아래 문틀에는 잡귀를 물리친다는 벽사의 의미로 가시가 많은 엄나무를 매달아 놓았다. 대개 이 부적과 같은 엄나무 벽사 행위는 바깥 대문에 있는 것이 일반적인 가옥의 규칙인데, 이 가옥은 엄나무 자리에 정려가 다섯

세련된 마루 벽장문

개나 걸려 있어 자리를 내주고 안채 부엌에 와서 걸려 있으니 참으로 재미있다.

부엌은 가옥에서 둘도 없이 중요한 공간으로 《임원경제지林園經濟志》를 보면 부엌은 길이로 북두칠성을 나타내고, 너비는 넉자로 사시四時를 나타낸다고 했다. 또 높이는 석자로 삼재三才를 나타내고, 아궁이 폭은 한 자 두 치로 열두 시를 본뜬 것이다. 솥을 두 개 올려놓는 것은 해와 달을 나타낸 것이라 한다. 이는 부엌이 우리들 삶에 주는 중요함을 우주의 원리로 해석한 것이다. 이 집의 안채도 이 규칙을 최대한 따르고 있다. 부엌의 상부는 안방에서 사용하는 커다란 다락을 두었고, 툇마루 끝의 부엌 옆에는 미닫이 창살이 정교하고 세련된 마루벽장

사랑 담장과 나무 굴뚝

이 있다. 부엌 북쪽을 보면 듬성듬성한 간격으로 꾸민 미닫이 광창이 부엌을 밝게 해준다. 미닫이를 열면 커다란 옹기들이 가득한 장독대가 기와 담장과 어울려 서정적인 분위기를 만들어준다. 옹기장이가 시원스럽게 그린 초화문과 물결무늬의 장독에는 버선본이 붙어 있고, 새로 담근 장이 담겨진 옹기에는 새끼줄에 고추와 숯을 달아 부정이 타지 않도록 엮어 놓았다. 장이 잘 숙성되길 비는 어머니들의 손길이 느껴진다. 장독대는 사람이 살아가는 데 필요한 식품의 보관 장소이자 공급 장소로 보름달이 앞산 위로 휘영청 솟아오르면 으레 정안수를 떠놓고 가정의 안녕과 건강, 소원이 이루어지기를 빌던 어머니들의 마음의 고향이었다.

잘 다듬은 안채 섬돌 아래의 표정

안채 툇마루의 풍경

시원한 느낌을 주는 대청마루와 안마당

통나무의 자귀 결이
아름다운 곳간 벽

두 칸 규모의 사랑 측간

일두고택 사당의 화려한
단청과 공포

벽사의 의미를 담은 부엌문 위의 엄나무

굴뚝 모양과 형태가 독특한 예술 작품처럼 보이는 예는 눈여겨 보아야 한다. 일각문을 들어서면 오른쪽 담장 위로 널판을 이용하여 사각으로 조립한 나무 굴뚝이 보인다. 굴뚝이 담장의 기와를 통과해 담장에 바짝 매단 형식으로 토석담과 어울려 정감이 간다.

안채의 곳간채에는 네 칸에 한 칸 크기로 널판문을 달았다. 만자문이 투각되어 있는 바탕쇠에 배꼽 무쇠 자물쇠를 달아 견고한 인상을 강하게 표현하고 있다. 곳간채 문 옆에는 느티나무 절구통과 돌 절구통이 있는데 돌 절구통에 큰 대大자가 조각되어 있다. 대감댁, 즉 일두 선생 댁의 절구임을 표시한 것이다. 그리고 왼쪽 끝 곳간에는 2층 선반을 만들고 올라가는 통나무 계단을 두므로써 공간의 효율성을 효과적으로 높이고 여인네들이 올라 다니기 편하도록 하였다. 이 곳간 칸은 음식을 보관하는 장소로, 양념인 간장 고추장 등을 담은 작은 주병들과

정감이 듬뿍 담긴 장독대

같은 항아리들을 나열해 정갈스러운 멋을 표현하고 있어 매우 인상적인 느낌을 준다.

부엌 앞 우물가에는 양념을 다지는 돌확이 보인다. 너무 많이 사용해서 자연스럽게 마모 된 자연적인 볼륨감이 세월의 흐름을 느끼게 한다. 잦은 제사 때마다 떡을 준비해야 했을 테니, 넓적하게 가공된 깔끔한 돌 떡판의 모양을 조금이나마 이해할 수 있게 한다.

이 가옥의 남쪽 편에 있는 곳간은 안채로 가는 일각문을 중심으로 사랑마당 쪽으로 두 칸, 안채 쪽으로 네 칸의 규모로 되어 있다. 사랑마당과 면한 한 칸은 마구간으로 사용하고, 나머지는 널판을 이용한 2분합문에 튼튼한 자물쇠가 걸려 있다. 특히 안채 쪽으로 있는 곳간의 벽체는 둥근 통나무를 반으로 쪼갠 후 하인방과 중인방, 상인방에 걸고,

오랜 세월과 손길이 느껴지는 절구

수직으로 세워 인방에 걸리도록 자귀로 끝을 깎아 꽂는 방식으로 벽을 마무리하여 특별한 느낌을 준다. 이와 같이 통나무를 반으로 쪼개 세운 예는 극히 드문데, 충북 영동군의 봉암리 고택이 이와같은 형태의 벽을 하고 있다. 봉암리는 부농 집에서 곳간을 만들 때 사용하는 방법이라 하지만, 일두고택은 기와집인데다 쉬운 벽체 마무리 방법도 있었을 테고, 재료도 충분했을 텐데 왜 목수는 이렇게 마무리를 한 것일까? 이렇게 만든 이유는 두 가지로 생각해 볼 수 있다. 하나는 회벽이나 널판을 이용한 벽이 주로 사용되었기에 긴 벽체의 지루함을 의장적으로 처리해 시각적인 아름다움을 표현했을 것이라는 것이다. 아니면 흔히 커다란 소나무를 아래는 기둥으로 위는 서까래로 사용하는데 기둥으로 쓰기에는 적합지 않고, 서까래로 쓰기에도 적당치 않은 부분을 최대한 이용하기 위한 목수의 노력으로 볼 수 있다. 안쪽 벽에는 나무마다

자연의 지형을 그대로 표현한 남계서원의 전경

목수가 순서를 적은 묵서가 일일이 적혀 있어 신중하고 세심한 조립이 필요한 한옥의 제작 기술을 볼 수 있다.

측간은 사랑채와 안채에 하나씩 두고 있다. 사랑채는 최근에 두 칸짜리 측간을 복원했다. 안채의 측간은 여자들이 사용해서인지 안채 곳간 뒤쪽으로 별도의 담장을 만들고, 한 칸 크기로 작게 지었다. 우진각 지붕으로 섬세한 느낌이 든다. 디딤돌을 밟고 올라가도록 만든 측간은 담장 입구의 문이 열려도 직접 보이지 않게끔 입구에서 먼 쪽을 향해 지어졌다. 세심한 배려가 인상적이다. 지붕이 낮아 살짝 비좁은 느낌은 들지만 그것이 훨씬 안정감을 준다.

일두고택의 사당은 안채 뒤편에 별도의 담장과 문을 만들어 이 집의 위폐를 모시고 있다. 겹처마에 금색의 화려한 단청을 하고 있으며, 이익공의 공포로 꾸몄고, 위에는 패랭이꽃을 그린 화반을 꾸며 아름답게 치장하였다. 유교 사상이 뿌리 깊던 조선시대에서 사당만은 특별히 단청과 공포를 꾸미도록 허락했던 사회상을 엿볼 수 있고, 이 집 주인이

화려한 단청의
남계서원 강학당

학생들의 기숙사
역할을 하던 동재

훌륭한 선조를 모시기 위해 단청에도 최선을 다한 모습을 볼 수 있다. 대부분은 반 칸의 퇴를 두고 삼문을 만든 후 위폐를 모시게 되는데 이 사당은 퇴에 툇마루를 깔아 신을 벗게 했다.

정여창 고택을 찾는 답사객들은 개평마을에서 약 10리 쯤 떨어져 있는 수동면 원평리의 남계서원을 찾아 정여창의 학문과 덕행을 생각해 보는 것도 매우 의미 있는 방법이다. 특히, 이 서원은 주세붕 선생의 소수서원 다음으로 우리나라에서 가장 오래된 서원으로, 초기 우리나라 서원 형식의 효시가 되는 곳이다. 아름다운 서원 건축을 함께 볼 수 있

개평리 고택의 고샅과 대문 풍경

는 곳이니 정여창 선생의 강직한 선비 기풍을 생각하면서 서원을 감상하는 것도 적극 추천한다.

개평리 마을은 여러 채의 기와집들이 마을을 가득 메우고 있는데, 대부분의 기와집들은 마을길에서 50여 보 토석으로 쌓고 기와를 올린 고풍스러운 담장을 따라 들어가면 막다른 골목 안에 있다. 솟을대문에 대문채를 갖춘 집들이 대부분이다. 기와 담장 위로는 집안에 심은 나무들이 골목으로 뻗어 자라고 있다. 담장 밑에는 아름다운 꽃들을 심어 운치를 더해주는 것이 이 마을 고택들의 인상이다.

개평리의 다른 고가도 하나 소개한다. 하동정씨 고가는 함양군 문화재자료 제361호로, 마을 한복판 골목의 막다른 곳에 자리하고 있다. 이 집으로 가는 골목은 돌담이 가지런히 좌우를 호위하는 형상이다. 안채는 동쪽으로 난 눈썹지붕이 특징으로, 약 300년 이상 된 '一'자형 집이

사랑마당의 아름다운 꽃과 문간채 기왓골의 어울림

다. 규모는 정면 여섯 칸에 측면 한 칸으로 5량 집이다. 전후 툇마루와 동측 편에 툇마루를 가진 맞배집이다. 중앙에 두 칸의 대청마루를 두고 오른쪽에는 두 칸의 안방과 부엌이, 왼쪽에는 건넌방이 있다. 안채는 건축적으로 특징적이면서 의장적인 부분이 있다. 하나는 안방에 인접한 후면에 툇간을 두어, 배면에서 보면 광창의 판벽이 특이하다. 또 하나는 건넌방 동측 편에 눈썹지붕을 내어 건넌방에 기거하는 며느리와 아이들의 편리를 고려한 것이 매우 인상적인 모습이다. 건넌방의 온돌은 전면에 함실아궁이를 두고 있으며, 여름에는 넓은 안마당을 넓게 여백을 두어 충분한 햇살과 바람을 받게 만들어 놓았다. 그러므로 햇살이 강렬한 여름날 오후 안채의 대청마루에서 있으면 시원한 안마당과 남풍에 가슴이 탁 트이는 느낌을 준다.

개평리 하동정씨 고가 (문화재자료 제361호)

개평리 하동정씨 고가의 안마당과 툇마루

개평리 하동정씨 고가 안채의 눈썹지붕

개평리 하동정씨 고가의 대청마루

아름다운 장독

함양咸陽 허삼둘가옥許三둘家屋

중요민속자료 제207호 | 경남 함양군 안의면 금천리 196

2

• • •

'안의' 하면 조선시대 유명한 인물들이 현감으로 지내던 곳으로, 산 좋고 물 또한 맑고 풍부해 선비들이 부임 장소로 선호하던 지역이었다. 그 유명한 《열하일기》도 박지원이 이곳에서 현감으로 있을 때 쓴 것이다.

덕유산 남쪽 계곡이 흘러 군자정, 농월정 앞을 지나간 물이 함양군 안의면 금천리의 개천에 다다르면 관아 객사로 사용했던 2층 누각, 광풍루가 나온다. 원래 이 누각의 이름은 선화루였는데 일두 정여창이 안의 현감으로 있을 때 광풍루로 고쳤다고 한다. 광풍루 뒤쪽으로는 안의현청이 있던 자리에 일제강점기에 세워진 안의초등학교가 있는데, 이 학교로 가는 골목 옆에 중요민속자료 제207호인 허삼둘가옥이 있다. 1918년 진양晉陽 갑부인 허씨 문중의 허삼둘이 윤대홍에게 시집와서 건립한 건물로, 보기 드물게 안주인의 이름이 붙어 유명하다. 조선말기에 정치력이 약화되면서 가부장적인 체제가 흔들렸고, 그 결과 여자 이름이 붙은 가옥이 나왔다고 생각하는 사람들이 많지만 저자가 답사를 갔을 때 들은 이야기는 사뭇 달랐다. 그 집안 관계자는 필자에

허삼둘가옥의 솟을대문

게 '남편이 세상을 떠나고 할머니만 살아계시는 동안 지정을 받다 보니 안주인의 이름이 붙게 되었다.'고 말해주었다. 우리나라 전통가옥에서 여성을 위한 공간인 안채가 중심에 놓인 예가 없으므로 이러한 형태의 전통가옥을 소개하는 것도 특별한 만남일 것이다.

우리는 전통 한옥을 흔히 '양반이 살던 집' 또는 '사대부의 집'으로 생각한다. 그러나 1894년 갑오개혁이 실시된 이후 사회 전반에 커다란 변화가 생겼다. 양반과 상민의 구별이 없어지고, 주택의 규모와 형태를 규제하던 제도가 철폐되면서 누구든지 솟을대문에 사랑채를 갖춘 집을 지을 수 있게 된 것이다. 따라서 자연스럽게 농업과 상업의 발달로 재산을 모은 일부 상인과 부농들은 과거 양반들만 누릴 수 있었던 주택의 양식을 본떠 화려한 집을 지었다. 그 대표적인 결과로 상류계층 주택의 건축요소를 모방하여 솟을대문을 세워 외형적인 모습을 갖

둥근 원판에 붙인 멋스러운 빗장둔테

바깥 행랑채와 사랑채의 전경

추며 권위를 갖추고자 했지만, 사실 양반들이 지켜온 내면적인 모습인 유교적 생활방식과 권위 및 위엄은 갖출 수가 없었다. 따라서 이들이 지은 주택은 규모가 크고, 장식적이고, 사랑채가 독립되어 있다는 점은 상류주택과 유사하지만, 안채를 중심으로 건물을 배열하는 등 그 평면 형태는 지역 서민의 주거방식에 뿌리를 두었다.

허삼둘가옥은 마을길에서 이어지는 돌담길의 중간 정도에 위치한다. 동쪽을 바라보고 담장을 옆으로 비스듬히 꺾은 건물로 솟을대문이 세워져 있다. 솟을대문이 있는 어칸과 만나는 담장은 대문채 끝에 연결되는 일반적인 모양과 다르게 대각선으로, 담장을 줄여와 대문의 문설주와 만나게 이은 것이 독특하다. 지금은 대문 옆에 문화재 안내판이 있는데 5월이 되면 안내판 위로 피어난 빨간 해당화가 방문객을 반긴다.

행랑채와 사랑 처마선의 어울림

대문채는 특이한 형태의 대문 빗장이 눈길을 끈다. 규모는 대문칸 한 칸과 방 한 칸으로 되어 있다가 최근 장방형 형태의 세 칸에 한 칸 크기로 복원되었다. 가운데 칸에 문을 두고 한쪽엔 문간채방을, 한 칸은 창고로 꾸며놓았다. 우진각 형태의 대문채 가운데 높이 솟은 맞배지붕 끝에는 벽사의 의미로 만든 뾰족한 뿔을 가진 망와가 있다. 이 망와는 도깨비 얼굴에서 점차 해학적인 얼굴로 표정이 바뀌는 조선시대 말기에 만들어진 기와로 마치 사람의 얼굴을 마주하는 느낌의 표정을 보여준다.

지금은 사랑마당과 마을길이 만나는 담장은 무너져 자취만 남았고, 바깥마당은 여러 해 전부터 채소밭으로 변해버렸다. 그리고 최근에 복원된 남쪽을 향해 앉은 바깥행랑채가 대문과 직각으로 놓여 있다. 이 바깥행랑채는 사랑채와 이어져 있으며, 둥글고 넓적한 냇돌을 2벌대로 쌓았고 그 위에 자연석 네모난 방주를 세운 정면 네 칸 측면 두 칸의 규모다. 사랑채의 구성은 반 칸을 뒤로 물러 툇마루를 두었고 가운데 방에는 쪽마루를 매달아 마루를 통하여 방으로 드나들수 있도록 하였다. 남쪽 지방이어서 그런 건지, 아니면 군불을 때는 아궁이의 역할만을 했기 때문인지 모르겠지만 문이 없는 부엌을 두고 옆에는 헛간을 두어 부엌과 바깥주인을 찾아온 손님들이 묶는 방으로 사용하였다.

이 가옥은 대문채를 시작으로 한옥 목조 기와지붕의 여섯 동棟으로 이루어졌다. 중심 공간의 배치는 남쪽에 'ㅓ'자형 사랑채를 두고, 'ㄱ'자의 안채와 그 옆으로 'ㅡ'자형 곳간채를 자연스럽게 연결하였다. 'ㅡ'자형 안행랑채를 배치하여 튼'ㅁ'자형 평면 구성을 이루었고, 안채는 별도로 담장을 둘러 구분했다. 사랑채와 대문채 사이에 바깥사랑채를 배치하여 집안에 찾아온 손님들을 맞이하는 넉넉한 공간을 두었다. 사랑채 앞과 안채 옆으로는 아주 넓은 후원의 일종인 텃밭을 두었고 그 주위에 담장을 둘렀다. 사랑채는 'ㅓ'자형의 팔작지붕 집으로 정면이 일곱 칸이다. 좌측면 두 칸은 앞으로 내서 활주를 세운 누마루 형식으로 부유한 반집에서나 볼 수 있는 3면을 계자각 난간으로 둘렀고, 세 칸으로 나눈 띠살무늬 삼분합문을 달았다. 여름에는 이 문을 처마에 매달아 사랑마당에서 자라는 꽃들과 나무들의 아름다움을 감상할 수 있게 했다. 마루 밑은 바닥에서 띄워 마루널 틈 사이로 불어오는 시원한 바람을 느낄 수 있도록 꾸며 놓았다. 사랑채는 대청과 사랑채 건넌방을 두 짝의 띠살무늬 문을 달아 실 간을 복도로 연결한 것이 흥미롭다. 특히 대청마루의 뒤편인 안채가 보이지 않도록 벽으로 마감한 것이 보기 드문 형식인데, 그 뒤로 안방과 연결되는 통로를 두어 바깥

2단으로 계자 난간을 만든 사랑채

주인이 비밀스럽게 다닐 수 있게끔 꾸며놓았다. 편리하면서도 복잡한 동선을 만들어 집주인의 사생활 보호에 신경을 쓴 세심한 배려가 엿보인다.

사랑채 날개채 뒤쪽으로 안채와 연결되는 외닫이 문을 두고, 복도 안에서 실과의 연결을 위해 두 짝 문을 만들었다. 건넌방에서 안채로 연결되는 문은 남녀유별을 중요하게 여겨 생활이 분리되던 시기에 안채와 연결되는 유일한 통로로 사용됐다. 겨울이 되면 아궁이가 사랑채의 온돌을 따뜻하게 데워주었다. 사랑안방은 오른편 안방 아래에 아궁이를, 상부에는 다락을 설치했고 건넌방은 안채 쪽으로 향한 날개 끝에 아궁이를, 상부에는 다락을 설치해 수납공간으로 활용했다. 다락을 하나의 방 개념으로 사용하는 한옥의 특징을 잘 보여준다. 안방의 다락 앞에는 반 칸 크기의 커다란 넉살무늬 광창을 두었고, 전면에는 전퇴를 만들었다. 전퇴는 마치 누각을 세우듯 높이 설치해 난간을 만들었으며, 퇴간을 뽑아 툇마루를 돌렸다. 우측 두 칸은 동쪽으로 반 칸이 돌출되어 양반가에서 흔히 볼 수 있는 누마루 형태의 대청마루를 이루고 있다. 대청마루의 분합문은 세 장의 3분합문으로, 문을 3단으로 구분한다. 가운데는 넉살무늬를 넣고 아래 위는 띠살무늬를 넣어 의장적은 고려가 아름다운 문이다. 누마루 뒤편 두 칸은 사랑방, 서편 한 칸은 부엌이며, 대청 부분의 기둥은 원기둥을, 온돌방은 사각기둥을 사용하였다.

허삼둘가옥은 부농의 집이면서도 전형적인 양반가옥의 특징 또한 함께 지녔다. 기본적인 건물 종류 형식인 솟을대문, 누마루를 갖춘 사랑채, 그리고 바깥행랑채와 안행랑채 등이 품위를 더해준다.

사랑채를 돌아 안행랑채에 붙어 있는 대문을 통해 안마당으로 들어서면 비교적 넓은 안마당과 'ㄱ'자형 안채가 나온다. 안채의 왼편에는 3면의 벽을 판벽으로 하고 빈지널을 이용한 판자를 끼워 맞춘 문과 한쪽은 널판문을 사용한 두 칸짜리 맞배지붕 곳간이 자리하고 있다. 안행랑채와 곳간 사이를 지나면 마을과 연결되는 안채의 협문이 있다. 여성들이 바깥출입을 할 경우 편리하도록 배려한 것이다. 안행랑채는 여섯 칸에 한 칸 크기로 두 번째 칸에 대문을 달고 좌우로 한 개씩 두 개의 온돌방과 두 칸의 마루널을 깐 창고를 둔 우진각 건물이다. 그리고 방 앞에는 쪽마루를 달았다. 문간채의 오른쪽에는 문 없는 고방이, 왼쪽에는 두 칸의 방이 있는데 외닫이 작은 문을 툇마루쪽과 대문으로

대문에서 보이는 안채의 전경

팔작지붕이 'ㄱ'자형으로 표현된 안채

달아 안채 대문을 열어 주기 편리하도록 만들었다. 옆방은 널판벽에 2분합 띠살문을 달아놓았다. 쪽마루에 앉으면 안채와 사랑채 사이로 트인 곳을 통해 이 집의 넓은 후원을 감상할 수 있으며 담장 너머로 마을의 지붕들이 가지런히 보여 개방감을 느낄 수 있다. 안행랑채 뒤로 돌아가면 담장과 안행랑채 중간을 막은 경계담 뒤로 안채 측간이 자리 잡고 있다.

우리나라 전통가옥 구조에서는 건물 한끝에 부엌을 만드는데 허삼둘가옥의 안채는 부엌을 건물의 중심에 놓고 좌우로 방을 연결했다. 전통가옥 중에서 이 집에서만 볼 수 있는 특별한 형태다. 안채는 'ㄱ'자형 민도리 홑처마의 팔작지붕 집으로 좌우가 거의 대칭 형태를 이루고 있다. 둥근 호박돌을 2벌대로 쌓은 기단 위에는 네모난 방주보다 조금 큰 크기의 주춧돌을 놓았는데 언뜻 봐서는 이 집의 무게를 견딜까 의심이 갈 정도로 자그마한 것이 주목을 끈다. 형태를 살펴보자. 남측으로 방과 부엌을 두고 대청을 두 칸 만든 후 끝에 한 칸짜리 방을 하나 더 둔 정면 네 칸 크기와, 동측으로 큰방과 작은방 하나를 붙인 정면 세 칸의 모습이다. 전면에서는 세 칸과 두 칸의 기둥만 보이나 부엌을 중심으로 놓고 부엌 출입문을 만들다 보니 좌우 한 칸씩의 공간이 툇마루를 대각선으로 접어 들어가는 형태가 되었다. 안채 안방은 작은방과 연결되어 있다. 큰방에는 미닫이문으로 구분된 뒷방에 벽감을 달았고, 촘촘한 '정井'자 모양의 외닫이 뒷문을 달아 안주인이 휴식을 취할 수 있는 조그마한 대청마루나 측간에 드나들기 편리하도록 꾸며놓았다. 대청마루는 바라지창을 두어 여름에 시원하게 오후의 휴식을 취할 수 있도록 했다. 대청 바라지창을 열면 넓은 텃밭이 있어 아름다운 꽃과 채소들이 자라는 것을 볼 수 있다. 이러한 텃밭은 정서적으로 중요한 생

안채의 뒷모습

활공간이자 영양의 공급처이고, 어린이들의 놀이터로도 요긴하게 사용되었을 것이다.

부엌 입구 역시 다른 가옥에서는 볼 수 없는 특별한 형태로, 여자들이 한복 치마를 입고 툇마루 모서리에서 신을 벗고 디딤돌을 밟고 올라오는 번거로움을 피하기 위해 한 단 낮춘 통로의 모양이다. 그리고 대각선으로 꺾인 부분의 벽의 여백에는 선반을 만들어 부엌살림과 관계되는 물건을 수납했다. 부엌은 거의 부채꼴에 가까운 오각형 공간인데 부엌 뒷면을 판자벽으로 만들고 상부에는 꺾인 격자형의 살대를 댄 광창을 만들어 꾸몄다. 모서리는 접어 꺾인 부분의 지붕에 조그마한 박공으로 모를 정리했다. 부엌 안은 중간에 기둥 둘만 서 있어 넓게 사용하도록 하였고 널판 사이 틈새로 햇빛이 들어와 비교적 환하다. 부엌 뒷벽 북쪽에는 판문을 달아 후원 텃밭에 편하게 드나들 수 있게 한 안

안채의 부엌으로 드나드는 입구가 특별한 어칸

곳간채 뒷면과 담장사이의 널찍한 후원

주인을 위한 배려가 인상적이다.

허삼둘가옥의 안채는 각 방마다 미닫이문을 설치해 공간을 나누어 사용하도록 한 것이 가장 큰 특징이다. 부엌의 경우 방으로 연결하는 자그마한 외닫이 띠살무늬 문을 단 것이 흥미롭다. 이는 사대부 집에서는 볼 수 없는 것으로 서민 주택의 생활 방식이 드러나는 부분이다. 부엌 천장은 서까래가 그대로 노출되는 우물천장으로, 오랜 세월 동안 아궁이에서 나온 연기 그을음이 붙어 있다. 손때 묻은 커다란 가마솥도 보인다.

전통가옥을 이야기할 때 외형적으로 지방의 이름을 붙여 남부형, 북부형 등으로 나누거나 충청도형, 경상도형 등으로 나누어 개략적인 모양을 제시하곤 한다. 그러나 현대식 건물인 아파트처럼 동일한 모양을 가진 건물은 하나도 없다. 이것이 바로 한옥의 매력이다. 거주자의 성격과 생각을 파악해 그에 맞는 집을 만들었기 때문이다. 허삼둘가옥의 경우도 마찬가지다. 사랑채도 특이하지만 안채 역시 부엌을 중심으로 한 공간 구성이 독특한 형식으로 지어졌다. 생활하기에 편리하게끔 실용적으로 만들어진 이 가옥의 구성은 배려의 철학이 잘 표현된 예술 작품이다.

동계 桐溪 정온선생가옥 鄭蘊先生家屋

중요민속자료 제205호 | 경남 거창군 위천면 강천리 50-1번지

3

●●●

덕유산 남쪽 끝의 금원산에서 흘러내린 산상천을 따라 위천에 이르면 조선시대 성품이 강직하기로 유명한 본관 초계草溪, 동계 정온 선생의 고택이 나온다. 정온 선생은 광해군에게 나이 어린 영창대군을 증살(방에 장작불을 지펴 열기로 죽이는 방법)한 것은 부당하다는 상소를 올렸다가 제주도 대정大靜에서 10년간 유배 생활을 했고, 인조 때 발발한 병자호란 이후 척화를 주장하다 화의가 이뤄지자 낙향했다. 《덕변록德辨錄》과 《망북두시望北斗詩》, 《망백운가望白雲歌》를 지어 애군우국愛君憂國의 뜻을 토로하였고, 문집으로는 《동계문집桐溪文集》이 있다. 정온 선생은 함양咸陽의 일두 정여창 선생을 모신 청계서원 바로 옆의 남계서원藍溪書院에 제향되었다. 유명한 서원 두 군데가 이렇게 가까이 있는 경우도 드문 경우로 고건축 답사를 가게 된다면 꼭 들러볼 일이다.

동계고택은 위천면에서 북쪽으로 가까운 거리에 위치한다. 면에서 야트막한 언덕을 올라서면 산 아래 커다란 기와집이 나타난다. 세월을 알리기라도 하듯 나이 많은 거대한 고목이 고택 뒤쪽에 서 있어 답사객

인조가 내린 정려와 솟을대문

의 시선을 사로잡는다. 마을 앞길을 걸어 대문 앞에 다다르면 하마석이 있고 대문에는 인조가 내린 정려旌閭 현판 〈문간공동계정온지문文簡公桐溪鄭蘊之門〉과 〈국태민안國泰民安〉이 솟을대문에 걸려 있다. 정온댁과 동일한 크기의 솟을 대문채가 나란히 자리하고 있는데, 밖으로 창문이 없는 것과 한쪽은 창문을 칸칸이 두어 두 건물의 차이점을 발견하는 것도 매우 흥미로운 볼거리다.

반쯤 열린 대문 사이로 들어서면 사랑채 마당은 중앙에 원형의 화단을 꾸미고 좌우 담장 아래에 각각 화단을 만들어 다양한 나무와 꽃을 골고루 심고 괴석으로 장식해 사계절 자연의 변화를 느낄 수 있도록 꾸며놓았다. 사랑채와 그 앞을 막고 서 있는 화단의 분홍색 철쭉과 붉은 장미가 피면 사랑마당은 무릉도원처럼 보인다. 아름다운 꽃나무

선비의 품격이 묻어나는 정온선생가옥의 사랑채 마당

품으로 안기려는 듯 보이는
사랑채와 중문채

사랑마루에서 보이는 문간 풍경

섬돌 앞 고무신과 아자형 문의 예술적 표정

사이로 보이는 사랑채의 흰 창호의 세살문, 미서기문의 문양 등은 한옥의 아름다움에 잘 어우러져 고택의 예스러움을 한껏 살려준다. 사랑채의 평면은 'ㄱ'자형으로 정면 여섯 칸, 측면은 툇마루가 붙어 있는 두 칸 반의 규모다. 동쪽 편에 'ㄱ'자로 꺾여 나온 누마루 부분이 반 칸 규모로 되어 있다. 이 지역은 덕유산의 줄기인 산곡간山谷間이어서 그런지 남쪽지방인데도 북쪽지방처럼 겹집으로 지어진 점이 특이하다. 아울러 전퇴前退를 두었고, 누마루에 있는 눈썹지붕이 특별한 지붕의 아름다움을 더해준다. 전면은 두 칸의 온돌방과 두 칸의 마루를 꾸미고 동쪽 끝에는 영당이 자리 잡고 내루가 앞으로 나온 배치를 하고 있다. 내루 전면의 2분합 널살문늬 불발기창은 가운데 '아亞'자 창틀이 너무

한지로 바른 창살이 아름다운 사랑채 내부

나 잘 어울린다. 여름에는 삼면의 창문을 들어 올려 누마루가 되고, 날씨가 싸늘해지는 계절에는 문이 곧 벽이 되는 한옥 창문의 묘미가 나타난다. 이처럼 전통 한옥 문은 움직임과 분리가 가능해 자연스럽게 공간을 구분하고 연출할 수 있다. 눈썹지붕을 매달기 위에 반 칸 나간 지붕을 받치는 기둥과 그 안에 둥지처럼 품은 내루를 매달았는데, 이는 누마루 안으로 들어오는 햇살과 비바람을 조절하기 위한 것이다. 거주자에게 쾌적한 환경을 제공하고자 하는 깊은 뜻이 느껴진다. 그야말로 한옥의 멋과 기능성을 조화시킨 발상은 예술적 극치를 보여준다. 아울러 내루와 연결된 본채에 마루 공간을 만들어 영당으로 사용하고 있는데, 사랑채에 있는 바깥주인이 항상 조상님을 생각했음을 알 수 있다.

광창으로 들어오는 햇살에 의해 더욱 아름답게 보이는 누마루 상부 가구

우리 전통 미풍양식을 보여주는 좋은 사례다.

안채로 들어가려면 사랑채 좌측의 중문中門을 통해야 한다. 중문채는 세 칸으로 되어 있고 중문채 옆으로는 서편의 마을길로 연결되는 협문이 있다. 대문이 잠겨 있는 시간에 사용하거나 하인들의 출입문으로 사용한 듯한 이 문은 동네 길로 연결되는 별도의 통로다. 대문 안으로 들어서면 오른쪽으로 넓게 펼쳐지는 안마당에는 정원과 장독대가 있는데, 장독대 주변에는 채송화와 석류꽃 등이 소담스럽게 피어 있다. 더욱이 안마당의 가장 자리를 차지한 장독대의 커다란 항아리들은 깔끔하게 정리되어 있고, 항아리 사이로 자그마한 단지들이 기대어 서 있는 모습에서 세심하고 넉넉한 안주인의 마음을 엿볼 수 있다.

사랑채와 안채 사이의 안마당 좌우로 각각 부속건물이 딸려 있다. 서측 편에는 중문에서 들어오는 시선을 막고 서 있는 정면 네 칸에 측

안마당과 장독대 건너편 사랑 굴뚝의 적절한 자리 잡기

면 두 칸의 큼직한 곡간이 있다. 곡간의 넌출문은 튼튼한 널판을 이용하여 만든 두짝문으로 나무널은 세월이 묻어 나뭇결이 아름답고 표현되어 있다. 그리고 배목, 문틀의 이음을 튼튼하게 보강하는 거무쇠, 국화정 등을 장식한 것이 집안의 내력처럼 어딘가 묵직한 맛을 느끼게 한다. 곳간 중방中枋 아래 판벽板壁을 들인 곳간은 수평으로 건너지른 부재인 인방의 위치를 상하로 조절하여 넌출문이 있는 출입부분과 판벽으로 되어 있는 부분의 높이와 모양을 달리하였다. 곳간 벽의 투박함을 세련된 의장 기법으로 승화시킨 기법이다. 광창의 모습에서도 세련된 멋을 느낄 수 있다. 이 곡간 뒤편에는 네모난 한 칸 규모의 자그마한 안측간이 있다. 지금은 사용하지 않으나 지면보다 높게 만든 바닥은 환기와 통풍을 겸비하는 과학적이고 위생적인 모습을 하고 있다. 이

중문에서 본 안마당

활처럼 휜 대들보를 이용한 장인의 솜씨가 느껴지는 안채 대청마루

안채에 붙은 곳간채

곳간의 맞은편 마당 동측엔 마주보는 아래채가 있는데 외줄박이 세 칸 집이다. 한 칸은 부엌, 그리고 대청마루, 온돌방으로 이루어져 있으며, 마루가 있는 곳은 4분합 띠살문으로 만들어져 있다. 자녀들과 안채의 손님들의 방으로 사용하는 건물이다.

안채는 장방형으로, 잘 가공된 장대석을 두 줄을 쌓은 낮은 기단에 툇마루가 설치되어 있다. 전면 일곱 칸 중 서쪽 끝에는 두 칸의 부엌이 있는데 넌출문 위에 격자형 광창이 있다. 더욱이 여인네들이 치마를 입고 부엌에 용이하게 드나들 수 있도록 문지방을 둥글게 만들었다. 부엌 옆문으로 나오면 바로 우물이 있어 부엌살림을 하는데 편리하도록 배려해 놓았다. 이렇게 안채는 여인네들을 위한 세심한 배려가 돋보인다. 조형적으로는 부엌 널문과 상부의 넉살무늬 광창이 우아하고

사랑채 기둥과 추녀선의 아름다움

아름다운 눈썹지붕

건물 축조나 개축의 연대를 나타낸 지붕의 망와

건축의 조형물로 승화시킨 안채측간

단아한 모양으로 꾸며져 있으며, 판벽의 살창을 상부에 대어 채광과 통풍을 조절할 수 있도록 꾸몄다. 이 모든 나무들은 반듯한 부재를 사용하였기에 빈틈없이 완벽하면서 엄격한 규율의 법도가 느껴진다. 특히 사랑채와 마찬가지로 넉넉한 두께의 방형 기둥을 직선으로 조립한 안채는 사대부 집안의 기개를 느끼게 한다.

온돌방의 미서기문과 머름대는 방에서 쉬고 있는 여인들의 행동을 쉽게 노출되지 않도록 하는 배려와 함께 겨울의 찬 공기가 낮은 곳에서 들어오는 것을 막고자 하는 목적으로 설치되어 있다. 안채의 온돌방 미서기문의 살 무늬는 여성스럽게 세살한 '아亞'자형이다. 사랑채의 단출한 '아亞'자형 세살문과는 짜임새의 차이를 두고 있는 점이 특이하고 아름답다.

세살무늬 들어열개식의 4분합문으로 툇마루와 구분하고 있는 대청마루는 2단으로 단을 나누어 사용하고 있는 특징을 보여준다. 아랫단은 온돌방으로 다니는 통로의 개념으로, 한자 정도 높이로 마루를 꾸미고 윗단은 여러 가지 세간살이를 보관하도는 용도로 사용하고 있다. 동쪽 끝에는 건넌방이 있는데 툇마루를 조금 올린 아래에 아궁이를 만들고, 툇마루에는 간단한 난간을 두었다. 안마당 건너 사랑채 옆으로 시선을 확보하여 담 너머의 마을길까지 한눈에 보이도록 배치한 것이 인상적인데, 이러한 배치에 대한 꼼꼼한 배려는 사람이 생활하는 공간이 항상 포근하면서 밝은 공간을 유지하는 것이 쾌적한 생활의 기본이 되는 점을 한옥에서 표현하고 있는데, 이는 전통 가옥에서 느낄 수 있는 정서라고 생각한다.

안채의 대청마루 가구 구조를 살펴보면 모든 부재가 방형의 반듯한 나무를 사용하고 있는데 대들보만 활처럼 휜 둥근 나무를 중도리에 받

입춘방이 붙어 있는
사당 삼문

튼튼한 기둥을 사용한
삼문 후면

두리기둥의 단아한 사당

말에서 내리는 하마석과 말을 묶어두었다는 나무

쳐 툇간으로 이어지는 것이 인상적이다. 대부분의 집에서는 퇴를 만든 퇴보가 직선이거나 처마 방향으로 처지는데, 이 가옥은 대들보가 처마로 갈수록 보아지를 받쳐 치켜 세움으로서 곡선의 아름다움과 개방감을 느끼게 만들었다. 이렇게 멋진 안채의 툇마루에 걸터앉아 경주 최부잣집에서 시집 오셨다는 종부 할머니는 따뜻한 차 한 잔과 집안의 역사에 대한 이야기를 들려주신다. 수많은 탐방객에게 일일이 이러한 정성어린 호의를 베푸시는 종부 할머니와 함께 따뜻한 오후 햇살의 넉넉한 여유를 느끼게 하는 진정한 아름다움을 한옥과 함께 할 수 있다.

한편, 이 가옥에서도 조상의 신위를 모시는 사당을 발견할 수 있다. 일반적으로 사대부 집에서는 사당을 집에서 약간 떨어진 곳의 언덕 동편이나 서편 한쪽에 둔다. 그러나 정온 선생 댁은 안채의 바로 뒤편에 삼문을 세우고 별도의 담장으로 영역을 구분해 놓았다. 사당은 맞배지붕 건물로 안채 바로 뒤에 있으며 안채와는 높이를 달리하여 이 가옥에서 가장 높은 자리에 위치하고 있다. 조상을 모시는 것을 엄격하게 생각했던 조선시대 가옥 배치의 예라 볼 수 있다. 단층 기단 위에 주추를 놓고 좌우 측면에 벽체를 구성하였다. 각 칸 전면 기둥 열에 맞추어 두 짝 판문을 달았다. 가구는 간략하게 3량 집으로 납도리를 꾸몄고, 대들보 중앙에 동자주를 놓아 종도리를 받치고 간단한 가칠 단청으로 만들었다. 특히 사당의 문에 집관의 무사화평을 기원하는 입춘방을 붙인 모습에서 조상을 모시는 지극한 마음을 느끼게 한다. 사당 삼문의 기둥은 지나치게 두껍다는 인상을 줄 정도로 튼튼한 목재를 사용했다. 사당은 전면에 툇간을 구성한 정면 세 칸, 측면 한 칸 규모로 잘 다듬은 장대석을 한 줄 깔고 자연석 덤벙 주춧돌을 사용해 두리 기둥을 세웠다. 어칸은 두 짝의 넉살무늬창이 달린 넌출문을 달았고 좌우 칸에는 외짝의 넉살무늬창이 달린 넌출문을 달았다. 벽체는 회사벽으로 하고 창방 위에 소로를 수장하여 포집의 느낌이 들도록 하였으며 지금은 단청이 퇴락되었지만 화려하게 공포 전체를 단청으로 그린 모로단청의 모습을 볼 수 있다.

대문 앞에 오래된 고목나무가 서 있고, 그 아래 있는 돌의 모습이 예사롭지 않아 보인다. 이 집에 말을 타고 찾아온 손님들이 말을 묶어두던 곳이라고 한다. 그 옆의 나무는 주인의 용무가 끝날 때까지 하인과 말은 나무 아래 그늘에서 쉴 수 있도록 하였다 한다. 세심한 배려가 느껴지는 모습으로 한옥은 자세히 열어서 들여다보면, 어느 곳 하나 그냥 지나칠 수 없을 만큼 우리 조상들의 숨결로 가득하다.

韓屋의 美

11 충북 고택들

영동 김참판고택 | 영동 성위제가옥 | 영동 소석고택
괴산 김기응가옥 | 보은 선병국가옥

충북 고택들

내속리면
보은 선병국가옥
25
속리산IC
30
청원-상주간고속도로
505
19
25
경부고속도로
1
19
영동IC
영동소석고택
영동읍
4
← 옥천
괴목리
4
황간 →
영동 김참판고택
봉림리
영동 성위제가옥
591
19
↙ 무주

영동 永同 김참판고택 金參判古宅

중요민속자료 제142호 | 충북 영동군 양강면 괴목리 401-2

1

• • •

충북 영동군 양강면 괴목리는 금강의 지류인 초강천의 상류로 삼막 저수지에서 흐르는 물이 이 마을 앞을 지나 초강천으로 흐른다. 이 가옥은 얼마 전까지만 해도 영동永同 김선조가옥金善照家屋이었으나 지금은 현 소유자의 5대 조부 김기현이 예조참판을 지내다 낙향, 가옥을 구입하여 이주한 것을 반영하여 '영동 김참판고택'으로 지정 명칭을 변경(2007. 1. 29)했다. 널따란 들판 가운데 서 있는 나지막한 산이 보인다. 멀리서 보아도 나이 많은 팽나무들이 괴목처럼 뒤엉켜 있는 특별한 언덕이다. 이 산 남쪽 양지바른 쪽에 괴목리라는 마을이 있고, 이 마을 끝자락 막다른 골목 안에 이 가옥이 자리 잡고 있다. 아름드리 팽나무 숲은 이 집의 오래된 역사와 맞물려 더더욱 중후하고 고즈넉한 느낌을 만들어낸다.

이 가옥은 안채와 별당 형식의 안사랑채, 대문채 서쪽의 곳간채와 최근에 복원된 안채 동쪽의 곳간채만 남아 있고, 사랑채는 남아 있지 않다. 이 안채는 18세기 중엽에 건축된 것으로 추정되고, 안사랑채는 19세기 중엽 정도, 문간채와 곳간채는 20세기 초에 지어졌다고 전한다. 안채

문턱 없는 대문으로 보이는 고즈넉한 안채의 풍경

뒤로 무성한 팽나무 숲이 병풍처럼 서 있다. 팽나무에 녹음이 짙어지는 여름이면 가옥 전체에 산뜻하고 싱그러움이 더한다.

원래의 건물 배치는 대문채와 사랑채, 안채가 일직선상의 축을 이루고 있었고 사랑마당을 중심으로 좌우에 곳간채와 안사랑채가 튼'ㅁ'자 형식으로 있었다. 최근까지 안사랑채에 종부가 살고 있었던 터라 안채 부엌 옆에 장독대가 있었을 것이나 현재는 안사랑채 동편에만 장독대가 있다. 사랑채 자리는 현재 정원으로 변했고, 그 당시 사랑채를 받치고 있던 주춧돌만 남아 조경석처럼 꽃들과 조화를 이루고 있다.

북쪽 담장은 자연스럽게 뒷산과 접하면서 탱자나무 울타리로 만든 것이 인상적이다. 담장으로 구분하지 않고 뒷동산의 모습을 건물과 하

맞배지붕 서편 날개채의 박공

팔작지붕 건넌방 날개채의 박공

여름 나절의 김찬판댁 풍경

사랑채가 있던 화단너머 안채의 모습

대청마루 뒤편의 머름과 넌출문

나로 연결시켜 공간의 폐쇄된 느낌을 해소하려는 주인의 배려가 돋보이는 멋을 느낄 수 있다.

이 가옥은 골목길 막다른 끝에 대문이 있어 대문을 통하지 않고는 사방 어디든지 집안의 동정을 살필 수 없다. 이 대문채의 규모는 다섯 칸으로 어칸에 대문이 있고 서쪽엔 두 칸짜리 창고, 동쪽엔 한 칸짜리 청지기방과 창고가 있다. 대문은 평대문이고 대문에 하인방인 문지방이 없다는 점에서 일반 사대부 집과 다르다. 좌우에 있는 실들의 모습을 살펴보자. 대문의 좌우 대문채 벽에 담장을 이어서 좌우에 있는 실들의 창문을 중인방 보다 높게 설치하여 밖에서 안을 드려다 볼 수 없게 꾸며 놓았다. 특히 서쪽에 있는 창고는 2분합 널빤지 문을 달았다. 대문채 동쪽으

안채 툇마루 귀틀과 방 문의 의장 예술

로는 한 칸의 청지기 방을 대문 옆에 두었는데 섬돌 하나를 놓고 띠살무늬 외짝문을 달아 간단하게 꾸며 놓았다. 그 옆의 널빤지 문을 열면, 청지기 방에 불을 떼는 아궁이가 있다. 굴뚝은 연기가 대문 밖으로 나가도록 하인방 아래에 낮게 두어 벽체와 구분이 어려울 정도로 앙증맞게 만들어 놓았다. 아궁이를 겸한 이 공간은 밖으로 연기가 배출되도록 살창으로 통풍도 할 수 있다. 그 옆으로 2분합문을 측벽에 또 하나 두고 있는데 이 문은 현재 앞집 장독대로 연결된다. 눈여겨 볼 부분이다. 왜 이 문을 앞집으로 연결했을까? 현대 건축에서는 각자의 공간이 엄격하게 구분되지만 한옥에서는 '우리'라는 공간이 표현된다. 이웃을 가족처럼 여긴 것이다. 그리고 청지기방은 밖으로 직접 연결되는 띠살무늬 외짝문을 달아 외부인이 방문하면 쉽게 동정을 파악하고 필요에 따라서는 출입을 할 수 있도록 도모한 점이 흥미롭다.

이 가옥의 안채는 중부지방 사대부집에서 흔히 사용하는 평면구조인 'ㄷ'자 모양의 구성을 보인다. 구조를 살펴보자. 몸채는 2고주 5량 집으로, 반 칸은 평주로 사용했다. 전면으로는 툇마루 공간을 만들고 뒤편으로는 간단히 저장할 수 있는 수납공간을 만들어 사용했다. 전면에서 안채를 보면 제일 먼저 눈에 띄는 것이 안채 지붕이다. 지붕의 처마선은 수평이지만 정침 부분은 날개채보다는 지붕의 용마루선이 높아 전통 한옥에서의 위계성을 느끼게 한다. 날개채는 도리를 세 개 사용하는 3량 집으로 되어 있으며, 장혀에 받쳐 있는 도리는 모두 둥근 통나무를 사용하는 굴도리이다. 대청마루의 종도리를 받치고 있는 대공은 여러 개의 판재를 나비장으로 이어 사다리꼴 모양의 커다란 판대공으로 만들었다. 그곳에 상량문을 묵서해 놓은 모습이 특이하면서 멋스럽다.

이 가옥의 안채는 네모난 방주를 모로 접어 반듯한 선을 강조한 것이 특징이다. 대들보의 모양에서 이 기법은 절정을 달하는데, 면을 접은 네모꼴 모양이 안정감을 느끼게 한다. 자연 주추에서 느껴지는 자연미는 없지만 모든 부재가 반듯하게 가공하여 표현하므로 사대부의 반듯한 기상을 느끼게 한다. 전통 가옥에서는 자연석을 생김새 그대로 주춧돌로 하는 경우와 이 가옥처럼 가공 된 주춧돌을 사용하는 것이 있는데 건물 제작의 중후함도 다르지만 정선된 모습이 주는 또 다른 아름다움이 있다.

지붕의 모습에서 좌우의 모습이 차이가 나는 것이 흥미롭다. 날개채의 서쪽 지붕은 맞배지붕 형식이고, 건넌방 쪽, 즉 동쪽은 팔작지붕으로 되어 있다. 이렇게 다른 이유는 사랑채가 있었을 당시, 아랫방 앞으

잘 다듬은 외벌대 장대석 기단과 섬돌

안채 툇보의 고졸한 느낌

안방에서 다락으로
올라가는 문과 벽감

대청마루의 분합문과
광창의 실루엣

안방의 덧문과
미닫이문의 실루엣

로 다른 건물이 한 단 낮게 연결되었기 때문으로 여겨진다. 그러나 이 차이가 더욱 주목을 끄는 의장적인 표현으로 나타나, 사랑채가 없는 지금에도 전체적으로 외관의 모습이 아름다움과 특징을 갖는 우수한 건물로 보인다.

정침은 중앙의 네 칸의 규모로 두 칸은 궁창이 꾸며진 띠살무늬 4분합 불발기창으로 두 칸에 만들었다. 겨울에는 문을 닫아 벽으로 쓰고 날씨가 따뜻해지면 이 문을 천장에 메달아 개방 된 대청마루로 사용하고 있다. 더욱이 상부에는 광창을 만들어 겨울에 문을 닫을 때도 실내 깊숙이 햇빛이 대청을 밝혀주도록 만들어 놓았다. 이 불발기창을 처마에 달린 등자쇠에 걸어 놓으면 시원한 바람과 함께 마당에 꾸며진 화단의 아름다운 자연의 경치를 감상할 수 있다. 정침의 온돌방은 띠살무늬 2분합 덧문을 단 두 칸에 머름을 두어 안방에서 생활하는 안주인을 앞마당에서 일을 하는 하인의 시선으로부터 보호했다. 특히, 머름대는 매우 중요한 부재로서 겨울에는 낮은 곳으로 스며드는 차가운 공기를 막을 수 있고, 시선의 차단은 물론 덧문과 미닫이문의 문틀 역할까지 하는 우리 한옥의 과학적 예술의 중요한 사례이다.

정침을 서쪽 측면에서 보면, 창문을 넉살무늬 만살창으로 꾸며 크기가 균일한 형태를 하고 있다. 특히 이들 창문을 눈높이보다 높은 중인방과 상인방 사이에 설치하여 단아하면서도 짜임새 있는 모습을 보인다. 또한 하인방의 높이를 조절하여 안채와 날개채의 높낮이를 조절하고 있는 것도 외형적인 특징으로, 벽에도 표정을 갖게 하는 우리 전통 한옥에서만 나타나는 특별한 표현이다.

대청마루 뒤편의 머름을 갖춘 넌출문은 중앙에 수직 부재인 샛기둥을 대어 양쪽 여단이 문짝을 하나씩 열 수 있도록 중간에 문설주를 세운 방식으로 꾸며졌다. 이러한 문설주에 문고리를 거는 방식은 조선 중기에 많이 사용한 대표적인 기법으로 사대부집에서 흔히 볼 수 있다. 두 개의 문짝은 문고리를 배목에 둥근 쇠고리를 달아 사용하는 단환 방식이 아닌, 두개의 둥근 쇠고리를 각각의 문짝에 달아 문틀 수직 칸막이 부재에 거는 방식이다. 이 방법을 사용하는 이유는 문의 안정성과 열고 닫을 때 한쪽만을 열고 닫기에 편리하다는 장점이 있기 때문이다.

안채의 기단은 잘 다듬은 화강암 외벌대 주춧돌이 놓여 있다. 마루의 높이는 걸터앉으면 편한 높이인 약 두 자 정도다. 그리고 안방 툇마루 두 군데와 대청마루 앞 한 군데에 섬돌을 놓았다. 건물은 잘 다듬어진 초석 위로 반듯한 방형 기둥과 보가 만나는데 보아지나 공포 가구 없이 툇보는 배 부분을 약간 깎아 현수형의 모습을 하고 있다. 공간의 구성은 완전한 좌우대칭을 사용하지 않고 중앙은 대청마루를 중심으로 오른쪽에 세 칸의 부엌과 안방, 아랫방을 배치하였다. 왼쪽인 건넌방은 대청마루를 건너면 후원 쪽으로 앞 뒤 두 칸의 찬방을 배치하고 앞으로 꺾어진 오른쪽 날개에 상하 두 칸의 건넌방을 두었다. 정침의 전면에는 툇마루를 놓고 건물의 후면과 동쪽 측면에도 길게 쪽마루를 꾸며 실용성 있게 사용하도록 되어 있다.

안채 서쪽 측벽 세 칸의 부엌은 안채의 아랫방 사이에 2분합 널문을 이용하여 출입하도록 꾸미고 뒤쪽 두 칸 상부에는 안방에서 쓸 수 있는 다락을 설치했다. 또한 안방과 웃방 사이에는 개방할 수 있는 미닫이문이 시설되어 있으며 안방의 후원 쪽 퇴에는 조그만 골방을 만들어 두었다. 골방과 안방 사이는 미닫이문을 달아 공간을 분리하고 웃방과는 여닫이 띠살문으로 구분해 놓았다. 특히, 대청과 안방 사이의 중앙칸에는 단아한 의장성이 강조된 용用자형 3분합문을 달아서 툇마루와 구분하

동쪽을 바라보고 앉은 안사랑채 전면

였다. 또한 건넌방의 뒷쪽으로 찬방을 꾸며 놓아 물건을 보관하기도 하고, 여름철에는 휴식 공간으로 사용하는 등 여러 용도로 사용하도록 하는 지혜를 엿볼 수 있다.

최근까지 종부가 살고 계시던 이 가옥의 안사랑채는 팔작지붕으로, 대문을 들어서면 오른편에 동쪽을 향하여 자리하고 있다. 기단은 안채와는 다르게 막돌허튼층 쌓기로 2벌대를 낮게 축조한 후, 잘 다듬은 정방형 사다리꼴 주춧돌을 사용했다. 안사랑채도 부엌이 있는 북쪽을 제외하고는 3면을 툇마루로 연결해 여름의 강한 태양을 조절함과 동시에 신발을 신고 다른 방으로 이동하는 불편함이 없도록 한 배려가 눈에 띈다. 평면구성을 살펴보자. 대청을 남쪽에 두고 가운데 두 칸의 방을 만들었으며 웃방과 안방 북쪽에는 부엌과 골방을 배치했다. 안사랑채는 전면과 후면의 방문 겸 창문의 크기가 일정한 2분합 띠살무늬 문을 세 칸에 한 개씩 달았다. 얼른 보기에도 대칭적인 균형감을 주는 것이 특징이다. 이러한 모습은 안채의 방문 겸 창문에서도 나타난다. 안방과 웃방 사이에는 미닫이를 설치하여 실의 활용성도 높이고 있다. 웃방과 대청 사이에는 띠살무늬 분합문을 꾸며 놓아 여름에는 대청마루 분합문을 추녀의 등자쇠에 걸어 개방할 수 있도록 하였으며, 개방한 대청마루에서 감상할 수 있도록 동쪽에 기암괴석과 꽃들을 심어 자연과 교감할 수 있도록 배려했다. 특히 장독대도 한쪽 편에 마련해 두어 겨울에는 하얀 눈이 소복이 쌓인 장독대를 볼 수 있다. 가을철에 장독 뚜껑 위에 고추장 바른 실치를 말려 찬으로 먹으면 일품이다. 어느 가을날 종부 할머니가 장독대 위에서 말린 반찬으로 차려준 점심을 맛있게 먹은 일이 생각난다. 아마도 장독을 소중히 다루고 음식을 귀하게 생각하는 할머니의 마음씨에서 우러나온 맛일 것이다. 이 가옥의 곳간채는 외벌대의 막

건립 연대를 기록한 안사랑채 망와

돌로 쌓은 기단 위에 반듯한 주춧돌 우진각 지붕의 건물이다. 이 곳간채는 세 가지 모양의 문을 가진 것이 특징이다. 남쪽 두 칸의 창고 곳간은 한 칸의 기둥 사이에 세 칸의 널벽을 만들고, 세 쪽의 널판을 이어 벽을 만들었다. 상부에는 여섯 개의 살대를 댄 살창을 만든 것이 흥미롭다. 문은 오른쪽 가장자리 문만 출입이 가능하게 되어 있다. 가운데 칸은 중요한 물품을 보관하기 위하여 널판에 번호를 기입하여 순서가 바뀌면 열고 닫기 어렵게 만들어 놓았다. 그리고 한 칸은 2분합 판문을 설치해서 평소 가장 많이 사용하는 농기구들의 보관 장소로 사용하고 있다. 한편 북측 벽에는 깔끔한 판자를 이용하여 만든 안측간이 있다. 측간 옆에 자그마한 창고를 하나 더 만들어 텃밭을 가꾸면서 필요한 소도구들을 넣어두는 곳으로 사용하고 있다.

이와 같이 전통건축의 구성을 자세히 들여다 보면 매우 아름답고 자

장독대의 아름다운 질서

두 칸을 세부분으로 구분한 곳간채 판벽의 기교

연스러운 건축물을 구성하는 중요한 요소로의 공간 구성이 자리한다. 그리고 전통한옥은 자연과의 동화가 아름다운 것이다. 지형과 지세, 그리고 주변경관, 풍수지리 등을 고려해 집을 짓는 집 주인의 지혜와 안목, 절제 없이는 이렇게 아름다운 전통가옥을 만날 수 없었을 것이다. 집은 주인을 닮는다 하였다. 요즘처럼 그 집에 맞추어 사는 현대인들과는 달리 선조들은 집지을 터와 집의 규모, 다양한 창호의 표현 방법, 조경에 어울리는 나무 하나도 직접 자신의 사상을 담아 놓았던 것이다.

영동永同 성위제가옥成渭濟家屋

중요민속자료 제144호 | 충북 영동군 학산면 봉림리 708

2

• • •

영동에서 무주로 가는 19번 국도를 따라가다 보면 얼마가지 않아 왼쪽편으로 난 시골길 옆에 고즈넉한 시골 마을인 충북 영동군 학산면 봉림리가 나온다. 마을 앞에는 금강의 지류인 시항천이 흐른다. 조용하고 맑은 물이 흘러 겨울에는 철새들이 많이 찾아오는 지역이다. 최근 만들어진 다리 위에서 바라보면 바위산 아래 기와집의 안채와 사당, 그리고 초가집의 사랑채, 광채, 문간채, 일각대문으로 구성된 성위제가옥이 보인다. 이 고택으로 들어가는 초입에 철새를 관찰하는 탐조대가 설치되어 있다.

마을 골목 안으로 접어들면 대문채로 가는 길과 사랑마당으로 직접 연결되는 두 가지 방법이 있다. 대문을 통하여 안채로 가는 방법과 사랑채 앞으로 가서 중문에 해당되는 사랑 옆의 초가 협문으로 들어가도록 되어 있다. 이 집은 기와지붕과 초가지붕이 적당히 배분되어 있는 모습이 운치 있게 조화를 이루고 있다. 안채와 사당, 담장은 기와집이고 나머지는 초가집으로 되어 있다. 부농의 대표적인 가옥이다.

이 가옥의 대문 앞으로 연자방아를 대문 앞에 화단과 함께 정비해 놓

기와 담장에 연결된 초가 대문채의 이색적인 만남

았다. 대문채로 들어가면 널찍한 안마당이 나온다. 대문채의 지붕은 초가집으로 막돌로 외벌대의 기단을 쌓고 그 위에 자연석을 그랭이질하여 기둥을 세웠다. 기둥의 두께가 날씬해 커다란 초가지붕의 무게를 견디기 어려워 보일 정도로 가냘프다. 대문은 여러 판재를 이은 2분합문으로 하인방이 없고, 상부도 천장 아래 도리에 직접 닿도록 만들어 문 보다는 나무판 벽체처럼 느끼도록 한 것이 특이하다. 대문채의 규모는 세 칸에 한 칸 크기로, 가운데 한 칸에는 디딜방아를 놓았고, 서쪽 끝에 한 칸짜리 온돌방을 두었다. 디딜방아와 그 옆의 돌절구는 오래 사용하여 손때가 많이 묻어 있어 세월의 흐름을 느끼게 한다. 디딜방아가 있는 공간은 밖으로 살창을 내어 작업시 편리하도록 광창의 역할을 맡았다.

사랑채 앞에 한 칸짜리 나락뒤주가 있는데 초가지붕으로 꾸미고 설주와 설주 사이에 쪽널을 끼워 문으로 사용하고 그 안에는 나락을 저장

사랑 덧문과 미닫이문의 실루엣

사랑 부엌으로 나 있는 이중벽

뒷산을 닮은 초가지붕과 나락뒤주의 초가지붕이 주는 서정적인 분위기

뒷산을 배경으로 앉은 고즈넉한 안채

한다. 이러한 뒤주가 안채 부엌 옆의 우물가에도 있어 이 가옥에는 두 개의 초가지붕 나락뒤주가 있다. 이 나무로 만든 나락뒤주가 단독으로 서 있는 예는 전라북도에서 많이 볼 수 있는데 벼농사를 많이 하는 평야 지대에서 나타나는 특별한 건축물이다. 더욱 흥미로운 것은 사랑채로 사대부집에서 보이는 기와집이 아니고 초가집인 것이 특이하다. 사랑채에는 두 칸의 온돌방과 한 칸의 골방이 있으며 골방 뒤로 아궁이가 있는 부엌이 있다. 이 건물의 구성은 특이한데 사랑채 배면으로 별도의 토벽을 이어서 한 사람이 드나들 수 있을 정도의 폭으로 두 칸의 사랑방을 연결하고 있다. 이 벽 사이의 역할은 안채와 근접해 있어서 여름에 사랑채의 뒤쪽의 미닫이문을 열어도 시선을 막아주고, 겨울에는 북풍을 막아 따뜻하게 생활 할 수 있도록 벽을 설치해 놓았다. 집 주인이 여러 가

앙증맞은 누마루를 꾸민 안채의 표정

지로 고민한 결과로 완성된 건물의 모습이 인상적이다. 한편, 사랑방의 방 사이에는 미닫이문으로 방을 구획하고 천장에는 고미반자를 만들고 나무 사이를 한지로 붙여 지붕에서 떨어지는 흙먼지를 막아 쾌적한 방을 꾸며 놓았다. 사랑 웃방의 뒷문을 열면 토벽 사이로 안채의 부엌문이 보이는데 이 문으로 안채로 드나들 수 있도록 되어 있다. 특히 아자형 미닫이 창살과 세살무늬 덧문으로 햇빛이 비치면 아름다운 창문의 의장적인 아름다움과 부드럽게 확산되어 들어오는 햇살의 실루엣은 한지만의 독특한 아름다움으로 표현된다.

안채는 이 가옥에서 유일한 기와지붕으로 넓은 마당과 후원을 갖고 있으며, 별도의 담장을 구획하고 텃밭을 만들어 놓아 안채에 생활하는 사람들의 공간을 매우 여유 있게 만들어 놓았다. 안채는 전면 네 칸 반

안채의 대청마루 가구 모습

에 측면 한 칸 규모이며, 퇴를 단 형식으로 2벌대의 자연석을 돌리고 가공된 네모난 초석에 역시 네모난 방주 기둥을 세웠다. 실의 구성을 살펴보니 오른쪽부터 한 칸의 안방과 웃방이 있고, 한 칸의 대청마루를 지나 건넌방과 부엌이 배열되어 있다. 안방의 전면으로 창 아래에 쪽마루를 내고 모서리에 자그마한 마루를 별도로 두어 이곳에 앉아 장독대와 안채의 화단을 볼 수 있도록 했다. 이 자그마한 마루를 사랑채 바깥주인이 안채로 다니는 전용 통로로 사용하지 않았나 싶다. 마루 크기의 후면에는 2분합 널문을 달고, 바닥에 마루 널을 깔아 창고로 사용하고 있다. 안채의 마당이 넓은 이유는 농사를 많이 짓기 때문에 안마당에서 이루어지는 작업이 많기 때문이다. 한옥은 건물과 건물을 하나의 실室로 보는데 마당 또한 커다란 실로 볼 수가 있다. 담장을 공간의 외벽으로 이해하면 안마당을 방으로 생각할 수 있다. 전통 한옥의 공간 개념이 유연성

안채 대청에서 본 앞마당

을 갖는것이 특징의 하나이다.

대청마루는 한 칸에 건넌방 앞에 있는 툇마루가 전부이므로 규모가 작은 편이다. 그 점을 보완하기 위해 이 집에서는 안방과 건넌방의 횡으로 건너지른 부재(=인방) 사이에 도리와 같은 부재를 건너 걸고, 그 위에 장대를 얹어 선반으로 사용했다. 건넌방은 벽감을 부엌 아궁이 상부 쪽으로 내달아 한 칸 규모의 방 공간을 효과적으로 사용하고 있으며, 띠살무늬 외닫이문을 설치해 부엌과 직접 통행할 수 있는 공간을 만들었다. 그에 반해서 부엌은 벽 쪽에 커다란 선반을 달아 찬장으로 사용하고 있으며 앞뒤로 널빤지 문을 달아 편리하게 사용할 수 있도록 하였다. 특히 안채 뒤에는 넓은 밭으로 사용할 정도로 넉넉한 텃밭을 꾸며 공간이 여유가 있으며 사당은 일각문을 통해 출입하도록 만들었는데 뒷산 밑에서부터 이 집 좌우 폭만큼 넓은 공간을 확보하여 이 집 뒤에는 아무 건물

판벽으로만 구성된 곳간채의 이채로움

짜귀밥이 선명한 곳간채 나무널벽

도 설 수 없도록 하였다. 지금은 이 공간을 텃밭으로 사용하고 있다.

한편, 집 주위에는 오래된 감나무가 있어서 가을에 빨간 감이 주렁주렁 열리면 초가집과 어울려 포근한 느낌을 주며 풍요로운 시골의 정서를 만끽하게 한다.

광채는 외벌대 기단 위에 초석을 놓았다. 전면 네 칸 측면 두 칸의 목조 초가지붕 집으로 오른쪽의 한 칸만을 문짝 없이 외부로 개방하여 헛간으로 쓰고 있다. 나머지 세 칸은 판자벽을 두르고 마루를 깔아서 광으로 사용했다. 이 판자벽은 통나무를 반으로 쪼개 짜귀로 대충 깎아 상인방과 중인방, 그리고 하인방 사이에 아래 위로 일정하게 끼우는 형식으로 만들었다. 이와 같은 건축 수법과 구성은 대단히 오래되고 보기 드문 특별한 제작 기법으로 건축의 묘미를 보여준다. 세 칸의 광 문짝은 2분합 통널로 만들었다. 중후하면서도 견고한 분위기를 준다. 세월이 지나며 퇴락한 나뭇결은 정감을 더한다.

이 가옥에 있는 두 개의 나락뒤주는 설주와 설주 사이에 쪽 널을 끼워 넣어 문으로 삼은 것이다. 이곳에 나락을 갈무리했다. 사랑채 앞 나락뒤주는 초가지붕의 맞배지붕 형식이며, 안채 부엌 옆에 있는 나락뒤주의 지붕은 사모지붕으로 되어 있다. 특히 안채에 있는 나락뒤주는 귀틀의 형식이 정교하다. 샛기둥을 마루 장귀틀로 뚫어서 고정하고, 기둥을 연결하는 장귀틀은 기둥을 관통하여 턱을 만들어 나무못을 걸었다. 장인의 기술을 감상할 수 있다. 또한 곳간채 뒤편의 담장 아래 초가집은 안채 측간과 헛간으로 사용하고 있다. 이 집의 안측간은 곳간채 뒤편에 멀찌감치 만들어 미관상, 위생상 좋았을지 모르나 너무 한적한 곳에 두어 밤에 측간에 가야할 경우 이 집 아이들은 달걀귀신이나 도깨비가 나올까봐 무서웠을 것 같다. 시골에서 자란 나는 이 분위기 잠시 머리끝이 삐쭉

전통 뒤주의 단촐한 아름다움

뒷산의 바위와 어울려 있는 단칸 사묘

하는 어린시절 추억에 젖어 웃음이 나오는 추억의 측간 모습이다.

이 집의 뒤쪽 산 밑에 사당이 있다. 담장을 한번 꺾어 안마당에서 사당 문이 직접 보이지 않게 했는데 특별한 의미가 있었을 것 같다. 자그마한 사당은 뒷산에 기대어 뒷산의 숲과 잘 어우러져 운치가 있다. 전면 한 칸에 측면 한 칸 반으로 반 칸을 뒤로 물러서 2분합 넌출문을 달았다. 사당은 커다란 암반 절벽 뒷산을 뒷담으로 하고 나머지는 담장으로 두르고 일각문을 달아서 별도의 공간으로 구획해 놓았다. 담장의 안과 밖에는 여러 가지 화초를 심었던 것으로 보이나 지금은 밭으로 변해 버렸다. 조선시대 살림집에는 둥근 모양의 두리기둥을 사용하지 못하게 하였으나 조상의 위폐를 모시는 사당은 예외였다. 이 가옥은 그런 규율이 와해되었을 시기인 조선 말기에 지어졌지만, 이 규율을 따르고 있는 것을 발견할 수 있다. 외형적인 특징으로 작은 한 칸짜리 크기에 기와지붕을 얹으면 무게를 지탱하기 어렵다고 판단했는지 도리를 길게 추녀까지 뺀 후 기둥에서 받침목을 연결하여 지붕 끝을 받치고 있어서 안정감을 주도록 꾸며져 있다. 전통적으로 우리 조상님들은 사당에 모시는 위폐를 4대까지 모시며 한 대가 지나면 맨 윗대의 신위를 주인공의 무덤 앞에 묻는 관습이 있다. 그러나 시조나 입향조入鄕祖의 위폐는 없애지 않으며 불천위라 해서 나라에 큰 공훈을 세워 국가에서 지정한 신위는 사당에 계속해서 모시는 것이 관습이었다.

영동永同 소석고택少石古宅

중요민속자료 제132호 | 충북 영동군 심천면 초강리 420-2

3

● ● ●

충북 영동군에는 여러 채의 고택이 남아 있다. 특히 19세기 말부터 초강천을 비롯한 금강 상류 지류를 이용한 넓은 평야가 부를 축적하는 기반을 제공했고, 이런 분위기는 일제강점기까지 이어져 영동군은 교통의 요지이자 경제적으로 윤택한 지역이고 따라서 부의 상징인 기와집이 도처에 있었다. 현재 중요민속자료로 등록되어 있는 고택들이 많아 우리 전통 가옥을 답사하는 데 좋은 지역이다. 그중 하나가 영동군 심천면 초강리 마을 중앙에 있는, 고종 22년(1885)에 지었다는 소석고택이다.

이 집이 문화재로 지정되던 당시 명칭은 영동송재문가옥永同宋在文家屋이었으나, 가옥을 지은 송병필의 호 '소석'을 따서 '영동소석고택'으로 최근 지정 명칭을 변경(2007. 1. 29)했다. 이 집은 뒷산을 등지고 남쪽 방향에 터전을 잡은 집과는 다른 점이 있다. 소석고택은 넓은 평지 형태의 마을 가운데에 자리 잡은 집으로, 한때는 안채와 사랑채, 행랑채, 광채 등 여러 부속채를 갖추고 있었다 하나 행랑채와 광채는 1920년대에 없어졌다. 현재 광채는 초가집으로 복원된 상태다. 안채와 사

사랑채 누마루의 멋과 풍류

랑채는 남북축으로 자오선상에 놓이고, 안마당의 동쪽 편에 광채가 있다. 넓은 마을 가운데에 자리 잡은 이 가옥의 전체적인 분위기는 병풍같이 감싸 안은 높은 뒷산이 없어서인지 약간 쓸쓸하고 허전한 감도 있지만, 주변의 넓은 밭들의 풍성한 결실을 느낄 수 있어 편안하고 안정된 모습을 지닌다.

고택을 답사하고 감상하기란 여간 어려운 일이 아니다. 직접 경험한 사람들은 하나 같이 필자의 말에 공감할 것이다. 그 이유 중 하나가 현재 개인의 공간으로 생활하는 집이 대부분이고 또한 젊은 사람은 없고 연로하신 분들이 주로 사는 경우가 많아 좀처럼 개방을 허락하지 않는

사랑채 기단과 디딤돌의 전경

것도 요인 중 하나다. 대부분의 답사자들은 '저 안에는 어떤 것들이 있을까?' 하는 기대로 대문을 열고 들어가려 하지만 굳게 닫힌 대문은 쉽게 열리지 않는다. 개들이 낯선 우리를 보고 엄청나게 짖어대 깜짝 놀라는 경우가 대부분이다. 학생들에게 우리 전통 한옥의 아름다움을 느끼도록 하기 위해 사진으로만 감상하지 말고 직접 답사해 조상들의 삶을 조금이나마 체험하는 시간을 갖자고 강의하는데, 직접 답사를 다녀온 후에는 볼멘소리를 듣기도 한다. 그것도 하나의 교육이니 남의 집을 방문하는 예절을 갖추고 찾아가는 법을 가르치곤 한다.

소석고택은 남쪽 담장에 사랑채를 바로 붙여 '공工'자 모양의 평면구조를 이루고, 사랑채 담장을 두고 행랑채를 배치하였으며 그 뒤편에는 안채를 배치했다. 안마당 동쪽에는 곳간채를 배치하였는데 안채와 사랑채 사이에 있던 행랑채는 없어지고 사랑채와 안채의 공간을 구분하던 담장의 일부만 남아 있다. 광채는 복원되어 사용 중이다. 이 집이 특이한 것은 현재 사랑 동쪽 끝에 대문이 있어 출입문으로 사용한다는 점이다. 사랑채의 서쪽 끝에서 보면 문패와 널판을 이어 붙인 한 칸 크기의 대문이 사랑채에 붙어 있다. 너무나 특별한 위치에 있고 현재는 대문 옆으로 담장이 둘러져 있어서 대문과의 출입 관련성이 없다. 이는 이 가옥 주변으로 집들이 들어차면서 골목길이 생기고, 서쪽으로 들어 왔던 이 가옥의 출입문이 동네 골목에서 들어오기 쉬운 곳을 찾다가 현재의 대문을 만들고 기존의 대문은 사용하지 않게 된 것이다.

이 가옥의 사랑채는 누마루가 있는 쪽은 앞뒤가 팔작지붕이고, 서쪽 지붕은 우진각 지붕 형태를 갖고 있어 흥미로운 조형미를 보여 준다. 이 사랑채는 잘 다듬은 커다란 장대석을 외벌대로 놓고 그 위에 방형의 사다리꼴 주춧돌을 놓고, 네모난 방주 기둥을 세웠다. 기둥머리에는 보

쪽마루로 연결된 사랑채 후면의 모습

사랑의 고즈넉하고 간결한 운치

를 받치는 보아지를 대고 마루대공은 사다리꼴 모양의 판대공으로 되어 있는 5량 집이다. 건물의 평면을 살펴보면 앞쪽의 양날개채는 한 칸을 내밀고 뒤로는 반 칸만 내어 달았다. 평면 구성은 가운데 어칸에 위아래 사랑방과 두 칸의 사랑대청을 갖춘 규모로 서쪽 건넌방의 날개채에 두 칸의 방을 마련하고 앞쪽으로 한 칸의 누마루를 두었다. 특히 홍미로운 곳으로 북쪽으로 반 칸을 늘려서 뒷방을 두고 있다. 사랑채 안방의 서쪽 편으로는 작은 부엌을 배치하고 살창을 광창으로 꾸며서 연기를 통풍할 수 있게 꾸며 놓았다. 그리고 사랑부엌의 상부에는 다락을 두었다. 동쪽 날개채는 역시 반 칸을 뒤로 빼서 골방, 상하 건넌방, 누마루를 차례로 놓았다. 앞뒤로 툇마루가 있고, 서쪽 날개는 단칸이며 동쪽 날개는 머리에 앞퇴를 달았다. 이 가옥의 사랑채는 동쪽으로 후원이 넓게 펼쳐져 있기 때문인지 동쪽 건넌방은 툇마루를 깔고 추녀 아래 섬돌을 놓아 후원과 안채로 가는 데 편리하도록 되어 있다. 그러나 서쪽은 담장이 바로 건물 아래 있어서인지 부엌과 사랑측간이 사랑 담장 모서리에 있어 폐쇄적인 느낌이 든다. 바깥주인이 거주하는 안방의 뒷방에는 쪽마루를 두어 문을 통하여 측간으로 나가기 편리하도록 만든 부분이 인상적이다.

사랑 동쪽 편에는 두 칸의 방이 있으며 툇마루 끝에는 툇마루에서 여는 조그마한 넌출문을 꾸민 벽장을 두었다. 바깥주인이 밖에서 필요한 간단한 물건들을 보관하도록 한 실용성이 돋보인다. 누마루는 사방을 개방했는데, 서쪽으로는 분합문이었을 것 같은 머름대와 문설주가 있다. 삼면에 풍판 널이 없이 동자기둥만을 세운 단출한 난간을 만들어 돌렸다. 집주인은 매우 간결한 것을 좋아한 것으로 보인다. 사랑채의 누마루에 앉아 담 밖을 내다보면 주변이 평지인지라 비교적 먼 곳까지 내다볼 수 있도록 조망이 보장되었을 것이다. 그러나 지금은 주변의 집들이 규모가 커지고 현대식 건물이 많이 들어서 마을 속에 묻혀버리고 말았다.

최근에 이 가옥을 둘러싼 담장을 축조했는데 진흙과 돌을 이용하여 만들었다. 전통 담장의 검은색 기와와 흰색 아귀토의 색대비는 한옥에서나 느낄 수 있는 것이 있다. 비가 오면 빗물에 깨끗이 씻겨 검은색의 기와가 더욱더 검게 보이고 흰색이 더욱더 희게 보인다. 눈이 소복이 쌓이는 겨울에는 검은 기와 위로 쌓인 눈꽃이 환상의 조화를 이룬다. 새롭게 만들었으면 어떠하랴 전통 재료로 표현한 멋과 아름다움을 충분히 느끼고 감상할 수 있으니 이 또한 즐거움이 아닌가 한다.

현재 사랑채를 출입하는 대문으로는 한 칸의 건물만이 있다. 이 가옥에 있는 망와의 기록에 따르면 1885년에 번와 공사가 있었던 것으로 보인다.

사랑채 구조는 1고주 5량을 기본으로 하는데 기법이 안채보다 훨씬 장식적이며 잘 만들어졌다. 특히 누마루 아래의 주춧돌도 동일한 형태와 높이의 주초를 사용하면서 기단을 자연 지형에 맞추어 한 단 높이 정도 낮추고, 기둥의 마루와 귀틀 부분을 대청마루 툇마루와 일치시킴으로써 누마루 아래는 비교적 바닥에서 높이 떠 있는 형태가 되었다. 천장 가구 기법을 보면 사다리꼴 판대공과 종도리 아래의 동자주 조립에 의한 넓은 공간 폭을 확보하면서 그 힘은 기둥을 거쳐 주춧돌로 전달되도록 꾸며져 안정성과 의장성을 동시에 만족시키고 있다. 이러한 나무 부재 간의 조립에 의해서 생겨나는 의장성은 한옥의 목가구 기법에서만 감상할 수 있는 것이다. 한옥에서의 우아한 지붕의 현수 곡선은 마치 우리 산의 형상과 꼭 닮은 모습이다. 마루는 비교적 높은 편이기 때문에

툇마루를 앞에 둔 안채

섬돌을 밟지 않고는 앞쪽에서 한복을 입고 오르기에 어려운 느낌이 있다. 이 가옥의 누마루는 장식을 생략한 난간 덕분에 우물마루가 넓고 시원한 느낌을 준다. 옛날 분들은 이곳에서 다과를 즐겼을 것이고, 시원한 바람이 불 때는 자연을 벗 삼아 독서를 즐겼을 것이다.

안채는 사랑채의 담장으로 일부의 시선과 구획을 나누고 있는데, 안채로 가는 길에 커다란 감나무를 심어 여름에는 시원한 그늘을 제공하고, 안채와의 거리도 유지하는 기능을 하고 있다. 안채의 평면은 '一'자형으로 1고주 5량으로 장혀로 받친 납도리집이다. 기단은 약간 가공한 자연석을 사용했다. 돌의 크기에 따라 기단의 높이를 맞추기 위하여 외벌대 혹은 2벌대로 돌렸으며, 석재들은 방형으로 약간 가공하여 쌓았

정침의 기와집과 곳간채의 초가집이 어우러진 안채

다. 그리고 그 위에 비교적 굵직한 나무를 네모의 방형 기둥으로 만들어 세웠다. 안채의 천장 가구는 처마도리, 중도리, 종도리 모두 장혀로 받쳤으며, 종보와 대들보 아래에도 단여로 보강했다. 우물천장으로 서까래가 노출되어 있으며, 마루대공은 사다리꼴 판대공으로 장혀와의 사이에 소로를 끼워 넣어 우아함을 표현하였다. 이렇게 꾸며진 대청마루 천장의 가구 모습이 목재의 나뭇결과 어울려 운치를 더해준다.

안방 앞에는 툇마루를 설치해 대청마루와 연결되도록 하였다. 평면은 정면 여섯 칸, 측면은 단칸인데 전후퇴를 두었으며, 구성은 한 칸 반의 부엌과 두 칸의 안방, 두 칸의 대청마루를 두고 한 칸의 건넌방이 차례로 배열되었다. 안채는 오른쪽 끝에 부엌을 두고, 안방, 웃방의 두 칸

해와 달을 나타내는 2개의 쇠솥은 간데없고 넉살창과 띠살문만이 운치를 느끼게 하는 건넌방 부엌 아궁이의 벽면

방은 툇마루를 두고 머름대 위에 띠살무늬 덧문을 두었다. 또한 두 칸의 대청은 전면에 분합문이 없는(중부 이남에서 주로 나타난다) 대청을 두어 따뜻한 여름을 위한 공간으로 만들었다. 이 대청의 북쪽에 2분합 띠살무늬 창을 두었다. 따뜻한 계절에는 덧문 짝을 열어 젖히면 기둥 옆면에 딱 들어맞아 옆과 뒤쪽에 붙어 있는 쪽마루를 통행하는데 방해가 되지 않는다. 한옥의 창문 제작의도를 느낄 수 있는 도편수의 기술과 지혜를 엿볼 수 있다.

동편의 건넌방은 툇마루 넓이만큼 뒤로 물러 앉혀, 방을 두고 동쪽 편

안채 대청에서 보이는 사랑채의 모습

에 띠살무늬 덧문을 달아 채광을 조절하고 쪽마루로 나갈 수 있는 기능도 하고 있다. 그 전면에는 아궁이를 두고 상부에는 건넌방 다락을 설치하였다. 건넌방은 남쪽인 아궁이 상부에 넉살무늬 광창을 두었다. 특히 마루 앞에서 보는 기둥의 듬직한 모습과 마루 장귀틀의 두툼하게 처리된 자귀밥 표현이 자연미를 더해준다. 마루에 걸터앉아 사랑채를 바라보면 안채의 안마당이 넓어서 멀리 다른 집의 풍경을 보는 듯한 느낌이 일품이다.

안채에도 사랑채와 같은 형태의 문과 창문이 있으나 대청마루의 전

안채 대들보의 표정

넓직한 툇마루에 쪽마루를 붙인 안채 배면

기와로 표현한 안채 박공의 쌍 '희(囍)'자

면을 막는 방풍문인 4분합 띠살무늬 불발기창이 없어서인지 사랑채보다는 신비감이 조금 떨어진다. 대들보는 사랑채에 있는 대들보만큼이나 듬직하지만 안채의 대들보가 나뭇결 모양이 한층 더 세련하고 우아하며 부드러워 보인다. 대청마루와 웃방 사이에 불발기 4분합문을 달아 필요에 따라서는 개방해서 사용할 수 있도록 했다. 현대 건축에서는 좀처럼 찾아보기 어려운 벽이지만 우리 전통 한옥에서는 쉽게 볼 수 있는 광경이다.

한옥 기와집의 합각 부분은 도편수가 자신이 갖고 있는 그림 실력을 기와나 전돌을 이용하여 뽐내는 장소이다. 일반적으로 한옥에서는 지붕의 합각면에 모란꽃을, 사찰에서는 만卍자 무늬를 써서 소원과 기원에 대한 감각적인 표현을 하는 것이 일반적인데, 소석고택의 안채는 합각면에 기와 조각을 이용하여 만든 희囍자를 장식했다. 이 집안에 항상

무거운 모자를 쓴 것 같은 곳간채

기쁜 일만 가득하길 기원한 주인의 마음씨가 아름답다. 안동의 충효당 안채의 박공에서도 기쁠 희자를 장식하고 있으나 이 가옥과는 예술성과 정교함에서 조금은 차이가 있다.

부엌은 툇마루의 깊이만큼 뒤로 밀어 앞 퇴에 봉당을 만들고, 안에는 벽을 만들어 부엌문을 달았다. 부뚜막 위에는 안채의 안방에서 사용하는 다락이 꾸며져 있다. 부엌 앞에는 항아리들이 옹기종기 모여 장독대를 만들어 놓았다. 장독대를 부엌에 가깝게 두어 부엌에서 음식을 준비하는 안주인에 대한 배려가 느껴진다.

한편, 초가지붕 건물인 곳간채는 자연석을 이용해 외벌대로 쌓고 주춧돌을 올려 건물을 세워 만든 곳간채가 안마당 동남쪽 편에 있다. 이 건물은 별도의 몸채를 가진 곳간 두 개를 지붕은 하나로 만든 것이 특이하

두 채에 하나의 지붕으로 된 곳간채

다. 크기는 전면 두 칸에 측면 한 칸이다. 널판을 이용한 벽채를 짜서 만들었는데 두 건물은 주춧돌의 높이가 달라 바닥 귀틀의 높이도 차이가 난다. 우측 건물이 좌측보다 하인방이 낮은 것이다. 두 곳간채 모두 똑같이 두 칸이지만 칸 사이의 폭에서 약간 차이가 난다. 좌측의 경우 빈지널은 한 칸에 사잇기둥 두 개를 세우고 세 칸의 벽을 널판재를 이용해 위에서부터 차례로 끼웠다. 우측의 건물 측면은 사잇기둥을 한 개 세우고 널을 끼워 만들었으며, 두 곳의 바닥에는 널마루를 깔았다. 측면에서 지붕을 보면 건물 크기에 비해 지나치게 넓고 크다. 곡식을 저장하는 창고로 비가 들이쳐서 나무로 만든 벽체와 내부의 곡식이 손상되는 것을 막기 위해서다. 이 가옥의 초가 곳간채는 흥미로운 곳간채 건축물 중 하나다. 한편, 두 개의 곳간을 왜 한 개의 지붕으로 연결했는지, 같은 크기로 두 개를 만들면 재료를 준비하기에도 용이했을 텐데 왜 크기가 다른 건지 하는 의문이 든다. 이유는 용도가 다른 것들을 저장할 때를 고려한 집주인의 깊은 의도가 있었을 것으로 생각 된다.

이 집의 사랑채 뒤편 담장 아래에는 사랑채인 기와집과 어울리지 않는 초라하게 보이는 초가집이 있다. 세 칸의 샛기둥으로 나누어 두 칸은 빈지널을 수평으로 붙여 고정하고, 한 칸은 빈지널을 수직으로 연결하여 고정해 출입문으로 삼은 조그맣게 생긴 귀여운 재래식 화장실이다. 아름다운 전통 한옥을 원형 그대로 영원히 보존해야 하지만, 불편함을 감수해야 하는 측간의 현실적인 문제점을 떠오르게 한다. 문제점을 극복하기 위한 지혜가 필요하다.

이 집은 전체적으로 옛 모습에서 조금은 변했지만, 사랑채의 정교한 가구 짜임새나 안채의 공간 구성은 이 집 주인의 섬세한 성격과 정성어린 건립 의도를 이해하기에 충분하다.

괴산 槐山 김기응가옥 金璣應家屋

중요민속자료 제136호 | 충북 괴산군 칠성면 율원리 907-10

4

괴산군 칠성면 중앙에 위치한 이 마을은 뒷산의 형상이 마치 병풍이 성을 둘러싼 모양과 같아 '성미' 또는 '성뫼'라고 불려왔다고 한다. 이 마을은 양지말과 음지말로 나뉘어 있는데 연못이 있어 연못골이라고도 부른다. 남쪽은 긴 돌이 많이 나와 석장골, 서쪽은 천수天壽를 누린다는 천수골이 있었다고 전한다.

남쪽의 군자산 아래로 넓은 옥토가 펼쳐진 형상을 하고 있는 이 마을의 중심부에 나지막한 뒷동산을 배경으로 양지바르고 전면이 넓은 평지를 접한 터 좋은 곳에 자리 잡은 집이 있다. 칠성고택이라고도 부르는 중요민속자료 제136호인 김기응가옥이다.

안채는 조선 후기(1800년대 초반)에 지은 것이라고 하며 사랑채, 중문채, 대문채와 부속 건물들은 그 이후에 지은 것들이라고 한다. 이 가옥은 기다란 대문채를 시작으로 중문채, 사랑채, 행랑채, 안채, 광채, 헛간채로 구성된 규모가 매우 큰 집이다. 마을 골목길과 나란히 늘어선 기다란 바깥 행랑채 대문에 들어서면 바깥마당이 나오고, 그 왼편에 광채가 있다. 광채 위쪽으로 중문채가 있고, 오른쪽에는 사랑채가 자리 잡고 있다. 중문

아름다운 전돌로 조형미를 보여주는 김가응가옥의 대문채

으로 들어서면 왼쪽에 헛간채, 오른쪽에 다시 중문이 있다. 이곳에 들어서면 안행랑채와 안채가 자리하고 있다. 이와 같이 이 가옥은 여러 출입문을 통하여 집안으로 들어 갈 수 있도록 만든 평면 구조로 되어 있다. 특히, 사랑채도 대문채로 들어서면 직접 사랑마당에 다다르나 이 가옥은 다시 토담에 기와를 얹은 별도의 담장안에 사랑채가 자리하고 있는 것이 요새같아 매우 인상적인 부분이다.

한편, 이 집의 배산인 나지막한 뒷산에는 오래된 소나무와 이 집보다 나이가 많아 보이는 고목이 있어 기와집의 고풍스러움을 한층 고조시킨다. 이처럼 고건축물은 주변의 환경적인 요인 때문에 더욱 운치가 발휘되기도 한다.

아름다운 문양의 대문채 벽면

이 가옥의 대문은 기다란 행랑채와 연결된 솟을대문이다. 대문은 아래에 문지방 없이 바닥에 바짝 붙여지는 형태로 만들었으며, 문짝은 여러 널판을 이어 높게 만들었다. 특히 세 칸의 행랑채 중앙에 고주를 세워 문짝을 두었기 때문에 앞과 뒤로 반 칸씩 공간이 남았다. 앞부분의 공간은 안쪽에서 행랑의 반 칸을 이용하여 출입할 수 있는 작은 편문을 대어 청지기가 드나드는 문으로 사용했다. 지금은 평소에 사용하는 문이 되어 버렸지만, 이러한 문은 편리성을 강조한 20세기 전후반에 건립된 대문의 일반적인 형식이다.

행랑채는 직접 외부의 길과 접하여 있기 때문에 화방벽과 같이 별도의 벽을 덧대서 만들었는데, 너무나 예쁘다. 하단은 둥근 강돌을 이용하여 쌓았고, 그 위로 수키와를 서로 마주보게 쌓아 회오리 문양처럼 보이

판벽에 널빤지문을 단 곳간과 대문채

게 하였다. 그 위로 회청색 전돌을 두 줄 쌓고 붉은 벽돌을 다섯 줄 쌓아 의장적으로 꾸며서 보기 드물게 아름다운 벽이 탄생했다. 조화로움과 추상적인 느낌을 동시에 맛볼 수 있다. 지붕 용마루와 추녀마루 끝에 있는 망와의 모양도 풍요를 나타내는 나락 문양과 벽사를 나타내는 도깨비 얼굴을 접목해서 표현한 모습을 볼 수 있다.

대문채인 사랑행랑채는 중인방 사이에는 반듯한 창문을 두었는데, 행랑채 안쪽에 채광이 필요한 곳에는 넉살무늬 광창을 두었고, 보관을 위한 목적이 있는 실에서는 2분합 널문을 창문으로 달아 놓은 것이 독특하다. 김기웅가옥은 부농의 집으로, 바깥행랑채는 튼튼한 판벽으로 만든 서쪽 편에 '一'자형 곳간채를 두었다. 판문에는 거무쇠와 같은, 쇠장석의 장식은 없고 배목에 국화정만을 달아서 판재의 나뭇결을 강조한 당

중문으로 살짝 보이는 행랑채 방문

판문(넌출문)을 달았다.

빛바랜 하얀 육송의 나뭇결과 바깥사랑채 곳간의 넌출문 방환 문고리와 만자문 바탕쇠가 잘 어울린다. 'ㅁ'자 모양의 지붕선은 질서 정연한 기왓골로 표현되었다. 푸르른 송림의 뒷산은 이 가옥을 포근히 감싸 안은 모습이다.

일반적인 주택의 경우 중문으로 들어서면 바로 안채가 나오지만 이 가옥은 그렇지가 않다. 약간 왼쪽에 중문간채로 들어가는 2분합 넌출문이 꾸며져 있다. 이 문으로 들어서면 좌측으로 중문간 행랑채가 자리하고, 우측의 안채로 들어가려면 중문간채의 작은 마당을 지나 안행랑채에 있는 대문으로 들어가야 한다. 이처럼 복잡한 공간 배열이지만 벽에 장식

중문간 행랑채의 마당과 담장

안채의 섬돌과 반듯한 마루 장귀틀

안방 머름대 위 '용(用)'자형 미닫이문과 덧문

된 붉은색과 흰색의 아름다운 벽돌 벽을 보며 걷다 보면 안채에 대한 기대감이 부풀게 된다.

중문간 서쪽 편에 있는 안행랑채는 두 칸으로, 한쪽은 띠살무늬 외닫이 문으로 되어 있고 다른 하나는 2분합 띠살무늬 문으로 되어 있다. 동일한 벽을 문의 차이를 이용해 색다른 분위기로 연출한 것이다. 안채는 'ㄷ'자형 평면으로 안행랑채의 '一'자와 하나가 되어 'ㅁ'자형 배치를 하고 있다. 대청을 중심으로 왼쪽에 안방, 부엌(찬방 포함)을 두었으며 오른쪽에 건넌방을 놓았다. 안방과 건넌방 앞에 툇마루를 만들었는데 건넌방 앞까지 설치해 통로로 이용한 점이 특이하며, 한쪽 옆면 세 칸 전체를

안채 대청에서 보이는 공포 가구 모습

부엌으로 크게 만든 점 역시 주목할 만하다. 그 상부에는 다락으로 두 칸만 사용하도록 꾸며 놓았다.

안채의 기단은 매우 커다란 장방형 석재로 성곽을 쌓듯이 쌓았다. 전면은 매끄럽게, 후면은 큰 것과 작은 것을 적절히 혼합하여 만든 외벌대가 구조적인 안정감을 준다. 안채의 기단과 안행랑채의 기단 덕분에 안채나 안행랑채 지붕에서 흐르는 빗물과 마당 가운데 있는 우물에서 흐르는 물은 서측 담장 밑으로 흘러 빠져 나간다. 안채의 주춧돌을 상면이 네모반듯하게 가공해 방형 기둥을 세웠으며, 반듯한 섬돌을 놓아 깔끔한 느낌이다. 마루 귀틀은 우물마루로, 기둥과 만나는 접합은 양쪽 볼에

녹음이 짙게 드리운 후원의 풍경

사랑채 대청에서 바라볼 수 있도록 광채 벽에 전돌로 장수와 복을 기원하는 수壽자와 박쥐무늬, 당초무늬, 겹곡두 무늬를 조합하여 표현한 아름다운 벽채

귀틀을 접합시켜 기둥의 직선적인 멋을 표현했다. 안채의 몸채는 1고주 5량 집으로, 툇마루 한 칸만 1고주를 세우고 안쪽은 평주를 사용했다. 날개채는 3량 집으로 만들고, 지붕은 팔작지붕이면서 날개채 앞부분까지 합각으로 만든 방법이 특이하다. 대청마루 천장은 서까래가 그대로 노출되는 우물천장으로 꾸며져 있으며, 대공은 사다리꼴 모양으로 판대공을 사용하여 수수한 분위기를 연출했다. 그리고 공포의 가구 기법은 도리를 받쳐 힘을 분배하는 부재인 장혀를 종도리와 처마도리에만 바치는 방법을 사용했다. 이와 같이 전통 건축물을 지을 때에는 장인이 생각하는 구조적인 필요에 따라 기법이 응용되기 때문에 동일한 방법의 모양이나 특징을 갖는 건물은 거의 찾아볼 수 없다. 획일화된 모양의 아파트와는 차이가 있다. 안채의 대청마루는 장귀틀과 동귀틀을 짜아 만든 우물마루로 윤이 반들반들해 매일 걸레질하는 아녀자의 바쁜 손놀림을 연상케 한다.

여름 공간인 대청의 참 멋은 뒤쪽에 있는 바라지창문을 열어 놓을 때 느낄 수 있다. 남풍이 감싸 안고 흐르는 시원한 바람을 느끼면서 대청마루에서 휴식을 취하면 천국이 따로 없을 것 같다. 더욱이 후원의 잘 가꿔진 정원을 보면서 가족이 함께 모여 시원한 수박이라도 나누어 먹노라면 가족애가 절로 두터워질 것으로 보인다. 이와 같이 항상 생각을 자유롭게 하는 변화를 주는 한옥의 환경은 우리만이 느낄 수 있는 특권이라고 본다. 한편, 대청마루 뒷벽을 막는 바라지창문은 널출문이 아닌 창호지를 바른 띠살무늬 분합문으로 꾸민 것이 이색적이며, 바라지창으로 보이는 토담 아래 가지런히 놓인 장독대가 너무나도 정겹다.

안방은 툇마루를 앞에 두고 머름을 댄 머름대 위에 '용用'자형 미닫이문과 덧문을 꾸몄는데, 덧문은 정확히 기둥 안쪽으로 들어가 통행하는데 걸림이 없도록 했다. 한옥에서 느낄 수 있는 아름답고 정교한 공예 예술적 표현이다. 안방의 서쪽 편으로 한 채의 건물이 서 있다. 생활은 자꾸 변하는데 시간은 정지된 한옥에서 불편한 점 중 하나가 바로 현대식 목욕시설이다. 이 집은 이를 해결한 공간을 만들어 놓았다.

사랑채와 안채의 동쪽으로 넓은 공간을 확보하여 담장을 둘렀다. 동쪽으로부터 따뜻하고 부드러운 아침 햇살을 건물 안에 가득하게 받으려는 집 주인의 생각이 돋보이는 장면이다. 한편, 사랑채로 가는 방법은 바깥 행랑채 마당에서 우측으로 난 협문으로 가는 법과 중문간 행랑채의 담장을 끼고 들어가는 방법이 있다. 그리고 정침의 안행랑채와 안채의 건넌방 사이에는 비밀통로처럼 생긴 통로 옆에 사랑채의 고방과 연결하는 외짝문이 있다.

사랑채는 아래쪽은 자연석으로 쌓고, 갑석 한 줄만 잘 다듬어 장대석을 올렸다. 이 가옥 전체가 남서쪽에서 북동쪽으로 경사진 지형을 이용하여 배치하였으므로 사랑채는 낮은 기단임에도 불구하고 대청마루에서 앞산을 보는데 시야가 탁 터져 있는 것이 흥미롭다. 사랑채 구조를 살펴보면, 1고주 3량 집으로 안채와 같은 기둥 구성을 하고 있으며 안채 쪽으로 꺾인 웃방과 고방은 3량으로 되어 있다. 몸체는 다섯 칸에 측면 두 칸으로 되어 있다. 서쪽에 건넌사랑방과 큰사랑방을 사이에 두고 한 칸의 좁은 대청마루가 있으며, 큰사랑방 동쪽으로 누마루를 설치해 담장 너머로 마을의 동정과 들판에서 펼쳐지는 자연의 변화를 살필 수 있도록 되어 있다. 그리고 사랑방 앞쪽으로는 반 칸을 후퇴하여 툇마루를 연결해 놓았는데, 툇마루는 두 칸의 장귀틀에 동귀틀을 만들어 마루널을 끼워 놓았다. 큰사랑과 건넌 사랑방은 대청마루로 통하는 문을 불발기 4분합문으로 달아 필요에 따라 문을 대청마루 천장에 걸 수 있도록 했다. 이 가옥의 사랑채는 겹지붕 팔작지붕으로, 조선시대의 민가 건축 규율과는 어울리지 않는 것이 당시의 시대상을 나타내 준다.

사랑채 지붕의 합각 부분에는 전돌로 만자무늬를 만들어 놓았는데 연경당의 합각에서나 볼 수 있는 고급 구조물이다. 사랑방에서 안채 쪽으로 바라보는 쪽에 샛마당이 있고, 샛마당 광채의 화방벽이 보인다. 이 벽도 전돌로 수복글자 무늬와 겹곡두 무늬를 표현하고 있어 궁궐 건축이나 능묘 재실의 벽에서나 볼 수 있는 화문을 아름답게 꾸며 놓았다. 사랑채의 문은 덧문으로 되어 있는데 띠살무늬 덧문과 전체를 창호지로 감싼 미닫이문을 달아 겨울 웃풍을 막을 수 있도록 세심한 관심을 기울였다.

보은報恩 선병국가옥宣炳國家屋

중요민속자료 제134호 | 충북 보은군 외속리면 하개리 154

5

●●●

충청북도 보은군 외속리면 하개리에 위치한 선병국가옥은 경상북도와의 경계에 위치해 있다. 25번 국도를 따라가다 속리산 끝자락인 백지미재가 나타나면 505호 지방도로로 접어들면 된다. 이때 속리산 서원계곡 냇가를 건너게 된다. 별도의 다리를 건너면 집 주위로 언덕을 만들어 홍수에 대비하고, 국도에서 보이지 않도록 시선을 차단해 섬처럼 느껴지는 소나무 숲 속에 거대한 가옥이 나온다. 이 집의 주인은 전라도 고흥군이 고향이었는데 지방이나 섬에서는 출세가 어렵다고 생각해 풍수지리를 따져 속리산 연화부수형蓮花浮水形이라는 명당에 자리를 잡고 이 집을 지었다고 한다. 집 주위로는 속리산에서 내려온 물줄기가 이 집터를 감싸 흐르고 있다. 사랑채 대문에서 사랑채를 바라보면 속리산 끝자락의 높은 산들이 기와집과 어울려 장엄하기까지 한다. 외곽의 담장을 따라 만든 둔덕의 소나무 길을 따라가다 보면 이 가옥이 마치 속리산을 올라가기 위해 꼭 거쳐야 하는 속리산 입구처럼 느껴진다.

이 집의 터는 원래 4만 평으로, 2만 평의 가옥과 2만 평의 소나무 숲으로 이루어져 있었으나 현재 2만 평의 소나무 숲에는 군軍 부대가 자리 잡

바깥대문과 배산의 어울림

고 있다. 이 가옥에서 가장 심혈을 기울인 부분은 배수排水로, 이 가옥의 터 밑은 모두 자갈로 이루어져 있다. 현재도 완전한 자연배수가 이루어지고 있으며, 집 둘레를 소나무가 심어져 있어 사시사철 푸른 모습을 지니게 한 것이 이 가옥의 자랑거리다. 서원계곡에서 흐르는 계곡을 다리로 건너면 북쪽을 향한 후문이 나오는데 지금은 이 길이 선병국가옥의 주 출입구가 되어 있다. 그러나 이 집 오른쪽으로 돌아 후문의 정남쪽으로 가면 솟을삼문이 나오는 대문채가 나온다. 대문채 앞에는 비보림의 역할을 하는 소나무 숲이 앞을 가로막는다. 넓은 공간 끝자락에 정자각이 세워져 있다. 담 주위로 성곽처럼 언덕을 만들어 집을 둘러싼 소나무는 주인이 특히 사랑하는 나무였단다.

대문채에 들어서면 약 3,000평 규모의 커다란 담이 둘러져 있고 그 안에 사랑채, 안채, 사당의 세 공간이 나온다. 사랑채의 담장과 안채의 담

속리산 줄기인 구병산 끝자락을 배산으로 포근히 감싸안긴 사랑채

장, 그리고 사당의 담장을 별도로 만들었다. 건물간의 공간이 넓어 마치 하나의 마을에 별도의 기와집 세 채가 있는 것처럼 보이는 것이 특이하다. 넓은 땅을 넉넉히 사용하려던 의도가 보인다. 또 조선시대 규범인 안채와 사랑채의 남녀 공간 분리를 따르기 위해서였을 것이라고 생각할 수도 있다. 아울러 이중 담장은 넓은 공간을 관리하고, 외부로부터 집안을 보호하기 위해 집주인이 고려한 장치로 보인다.

사랑채와 안채의 평면 구조가 '공工'자인 경우, 공자는 집안에서 공사장마냥 매일 소리가 난다하여 금기시했다. 전통 한옥은 이 말을 존중했다. 예외로는 고려 말 조선 초에 지은 것으로 보이는 아산의 맹씨행단과 조선 초에 지은 영주 소수서원의 건물뿐이다. 이 두 건물은 공부를 잘하

선병국가옥의 배치도

도록 한다는 의미로 지었다고 한다. 이 집도 마찬가지의 의미에서 지어진 것으로 생각된다. 이 집을 지은 후 인재를 모집하여 숙식을 제공하고 가르치는 것을 해방 이후까지 지속했다고 하니, 순수한 인재 양성을 위하고 자녀들도 공부를 잘하여 훌륭한 사람이 되라는 뜻이 있어서일 것이다. 그래서인지 이 집의 긴 행랑채는 지금 고시원이 되어, 공부하겠다는 인재들이 전국에서 모여든다. 배치도에서 ①번은 안채, ②번은 사랑채이고, ③은 사당이다.

집의 배치를 보면 개인 주택에 대한 조선시대의 규범이 와해되는 시기에 지은 집으로, 지금까지 들었던 개인 집의 규제와는 다르게 지어진 부분이 눈에 띈다. 기단을 궁궐에서 사용하는 형식인 다듬은 장대석으

하얀 도포에 갓을 쓴 선비의 자태가 느껴지는 사랑채

사랑채 좌측 벽면의 아름다운 선

반듯한 선비의 모습을 느끼게 하는 사랑채 중앙의 표정

로 쌓았다든지, 초석으로 가공한 주춧돌을 사용하거나 원기둥을 사용하여 화려하게 한 부분이 한옥의 묘미를 더욱 느끼게 한다. 툇마루 밑은 적벽돌로 막아 운치를 더하고 있으며, 당대 최고의 목수들이 자신의 실력을 뽐내기라도 하듯 정교하게 작업한 난간 조각의 섬세함과 다양한 창문의 형태에 감탄할 수밖에 없다. 마을 사람들이 전하는 말에 의하면 당시 한양에서 내노라 하는 목수들을 불러다 지어서 지금의 집이 되었다고도 한다.

솟을대문으로 들어서면 사랑채로 들어가는 문이 일직선이다. 사랑문으로 들어가는 동선을 유도하기 위해서인지 커다란 노송을 심어 놓았다. 그러나 정작 사랑채로 들어가는 담장의 문은 일각문으로, 한 사람만이 통행할 수 있도록 되어 있다. 일각문은 세 장의 널판을 조립한 2분합판문으로 문틀 위에 보름달 모양의 대공을 소로로 받쳐 멋을 내었다. 일각문을 시작으로 잘 가공된 2단 기단석 위로 담장을 돌리고, 문의 좌우에 동물 모양의 수석을 장식해 놓았다. 사랑마당은 넓으며, 우측으로 잘생긴 노송과 확돌을 나무 밑에 놓아 운치를 더한다. 담장에는 벽체 일부를 뚫어 문짝을 달아 하인들이 사용하던 문이 있다. 안채를 향하는 북쪽으로 있는 일각문은 2분합 판자문이다. 안채와 사당으로 가는 문으로 사용하고 있다. 따라서 사랑채에는 3군데로 밖과 연결되는 통로가 있는 셈이다.

사랑채는 '공工'자형 평면에 잘 다듬은 돌을 세 줄로 설치한 고급 구조의 3벌대三重階를 놓고 디딤돌을 갖춘 모습이다. 공간의 배치를 보자. 중앙에 대청마루를 두고 우측에 큰사랑을, 앞쪽에는 마루를 두었으며 건넌방에는 방을 세 개 두고 약방과 두 개의 골방을 만들었다. 사랑채는 흥미롭게도 앞뒤 좌우에 툇마루를 만들어 놓았다. 많은 방을 다양한 용도로 사용하기 위해 현대인들이 큰 집으로 이사를 하는 것과 마찬가지 이치로, 한옥에 툇마루를 만들어 실용성을 극대화한 것이다.

사랑채의 전면으로 돌출 된 좌우 방의 벽의 외형을 다르게 표현하고 있어 흥미롭다. 오른쪽에는 3면의 벽을 구분하여 좌우에 여덟모를 접은 팔각 창을 두었고, 가운데에는 덧문을 단 미닫이문을 설치하였다. 문틀 상부는 여덟모를 접은 팔각 창을 배치해 대칭을 이루게 했다. 왼쪽은 회벽을 그대로 표현하고 가운데에만 덧문을 단 미닫이문을 설치했다. 특히 미닫이문의 문양도 다르게 표현하여 아름다움을 배가시킨 점도 주목할 만하다.

사랑채의 왼편, 즉 안채를 향한 측면은 쪽마루를 전체적으로 둘렀다.

팔각창문이 개성있는 사랑 오른편의 벽채

간결한 벽체 처리가 아름다운 사랑 왼편의 벽채

오른쪽방 벽의 세부((서쪽)

두리기둥의 아름다운 소나무결이 인상적인 툇마루

세월에 의해 살아난 소나무 결이 아름다운 안채의 기둥

내민 앞방과 뒷방 사이의 마루에 칸막이 나무 판벽을 세워 공간의 단절을 유도한 세심한 설계가 돋보인다. 하인방에 해당되는 벽의 아랫부분은 머름을 두고, 중인방 위쪽으로 2분합 창문을 달았다. 덧문을 달고 베풀 '용用'자 창살 무늬의 미닫이창을 만든 수법을 보면, 이 가옥을 지은 도편수나 주인의 가옥을 완벽한 건축의 짜임새에 도달하려는 의도를 엿볼 수 있다.

이 가옥은 안채와 사랑채가 언뜻 거의 비슷한 형태를 보이나 안채와의 차이점은 크게 네 가지로 정리할 수 있다. 첫째, 기단의 차이다. 사랑채는 3벌대 기단을 사용했는데 안채는 2벌대 기단을 사용했다. 두 번째는 돌출된 전면 방의 벽 형태 차이다. 사랑채는 여덟모를 접은 창을 두는 벽과 하얀 양회벽을 마감하여 구분하고 있으나 안채는 좌우가 동일

모서리를 마감한 세련된 불발기문

한 형태를 취하고 있다. 셋째, 사랑채는 부엌을 단순히 온돌의 난방을 위해 만들었지만 안채는 서측에 커다란 부엌을 두어 사랑과의 생활 형태 차이를 보여준다. 넷째는 화단의 차이다. 사랑채는 담장의 단을 높이고 주변을 화단으로 꾸민 것에 비하여 안채는 전면에 행랑채를 두고 뒤뜰을 만들었다. 이와 같이 우리 조상들은 사용하는 사람들간의 위계질서를 건물로 표현하면서 그들이 사용하기에 편리한 구조를 생각하고 이를 건물로 표현하려는 생각이 깊었던 것으로 보인다.

우리나라에서 이 가옥 만큼 커다란 공간과 복잡하고 세련된 사당 건물을 갖은 예는 없을 것이다. 그만큼 크고 화려하면서 세련된 조형미를 자랑하고 있다. 먼저, 별도로 마련 된 전면 세 칸에 측면 두 칸 규모의 사당 문은 솟을삼문이다. 판문을 달아 놓고 전면 세 칸에는 4분합 덧문을

두리기둥의 아름다운 소나무결이 인상적인 툇마루

부귀영화를 염원하는 기원문이 있는 사당의 추녀마루 기와

문간채와 벽돌로 쌓은 세련된 안채 외벽, 쪽담을 이용한 동선유도의 묘미를 느끼게 한 중문

달았다. 덧문은 3단으로 나누어 아래 위는 격자로 가운데는 여덟모 난 테두리를 두른 창을 꾸며 화려한 소목장의 솜씨를 감상할 수 있게 한다. 덧문 상인방에는 입 '구口'자형 광창을 두고, 소로수장집에 겹처마 팔작지붕의 완벽한 건축술을 뽐낸다. 덧문을 열면 안에 넉살무늬를 응용한 네모난 불발기창이 후면 한 칸을 막고 있다. 그 안에 위패를 모셨다. 일반적인 사대부집에서는 사당을 전면 세 칸 측면 한 칸의 단독 건물로 짓는다. 지붕은 맞배지붕을 주로 사용한다. 그러나 이 집은 그러한 규범을 깨뜨리고 실내에 두 공간을 만들었다. 측면에는 사당에서 사용하는 집기류를 관리하는 방을 두고, 두 건물을 회랑으로 연결했다. 회랑 통로의 채광을 위해 넉살무늬를 잔잔하게 꾸민 네모난 창을 만들었다. 고상식 통로가 예사롭지 않은 우리 건축의 예술을 보여준다. 늦가을이면 사당

운동장처럼 넓은 안마당과 행랑채

앞마당의 감나무에 빨간 홍시가 달려 있는 것도 재미있는 볼거리다.

안채로 들어가 보자. 대문으로 들어서서 우측으로 긴 마을 골목에 들어가면 막다른 골목 끝에서 좌측으로 안대문이 자리 잡고 있다. 안대문으로 들어가는 골목을 외곽 담장 안에서 별도의 골목으로 만들어 들어가게 한 것도 주인의 재치다. 대문 전면으로 담장 아래에 통로를 만들어서 외곽 담장 후원으로 나가게 한 것도 숨바꼭질하는 것과 같은 분위기를 준다. 그 만큼 안채를 보호하고자하는 바깥주인의 세세한 배려가 느껴지는 출입 방법이다. 안채의 행랑채는 지금은 고시원으로 사용하지만, 긴 행랑채는 여러 공간으로 나누어져 있어 어느 공간에 무엇이 있는지 안주인이 아니고는 찾기 어려울 정도로 많은 칸을 가지고 있다. 한편, 우리 선조들은 단순하게 긴 공간에도 문을 달리하거나 벽의 외형을

'공(工)'자형 평면을 가진 안채

다르게 설정해 지루함을 느끼지 않게 하는 방법을 알았던 것 같다. 이 가옥의 행랑채도 어떤 문은 나무 판문이고 어느 문은 넉살무늬 또는 띠살무늬로 만들어 획일적인 지루함을 없애고 다양한 모습의 벽면을 연출하고 있다. 그러나 뒤편으로는 방으로 사용하는 부분은 들창을 동일한 크기로 만들어 두었다.

안채의 평면 구조를 살펴보면, 중앙에는 대청마루를 두고 우측에는 두 개의 방을, 가운데는 부엌으로 나누어 두고, 건넌방에는 조그마한 방 네 개에 아궁이를 두었다. 방 크기는 비교적 작은데 방 상부에 다락을 만들어 실용성 있게 사용하고자 한 의도가 돋보인다. 건넌방 뒤쪽에서 다락을 오르내리는 계단은 궁궐에서나 볼 수 있는 난간을 달아 품위를 더했다. 잘 다듬어진 가공된 장대석을 중앙에 2단, 좌우에 3단으로

안채 부엌의 출입문과 부엌 광창의 아름다운 조형미

장독을 소중히 여기는 안주인의 정성이 느껴지는 담장으로 특별히 관리하는 장독대

사랑채 어칸의 아름다운 미닫이 문

쌓아 기단을 만들었다. 사다리꼴 모양으로 다듬은 주춧돌 위 전면 기둥은 둥근기둥으로 세우고, 툇마루를 만들었다. 안방에는 건넌방보다 큰 부엌을 만들고, 부엌으로 들어가는 문은 2분합 판문으로 두 군데 만들었다. 판벽에는 환기를 위하여 살창을 달았으며 인방 위에는 '아亞'자형 살창을 단 다락이 있어 부엌을 구성하는 벽이 나무의 부드러운 결을 나타내 세련미를 더해준다. 툇마루가 있는 전면에도 디딤돌을 놓아 기단으로 올라설 수 있게 편리하게 꾸며 안주인에 대한 배려도 아끼지 않았다. 특히 안채의 마루 하단을 적벽돌에 흰색 양회로 마감해 산뜻한 느낌을 준다. 앞으로 돌출된 양측 툇마루에는 난간을 두었는데, 높은 누마루가 아님에도 불구하고 '아亞'자형 무늬 난간을 정교하게 만들어, 청판에 풍혈을 만든 난간보다 화려하고 섬세하다. 참으로 예쁘다는 표현이 최고인 것 같다.

장독대는 안채 후원에 있는데 별도의 담장에 문을 만들어 음식을 소중히 하려는 안주인의 마음이 느껴진다. 장독대에 별도의 담장을 만들고 문을 다는 형식은 우리나라에서는 전라남도 지방에서 쉽게 찾아볼 수 있는 광경이나 중부 지역에서는 찾아보기 힘든 사례다. 장독의 치장은 호남지방처럼 극진히 하는 곳이 없으며 항아리의 수효에서도 다른 지방에서는 따를 수 없을 정도로 다양하고 많다. 그럼에도 이 집은 많은 항아리와 수백년 이어져오는 씨간장이 자랑인 것을 보면, 이 집 주인의 고향이 전남 고흥이기 때문에, 고향의 양식을 이 집에 표현한 것으로 보인다. 넉넉한 장독의 모양과 잘 정돈된 모습에서 고향 어머니의 정성이 묻어나는 것 같아 마음이 포근하고 장독을 소중히 다루는 마음씨에서 음식의 맛도 우러나오는 것이다. 또한 장독대 옆에는 봄과 여름에는 꽃들이 만발하고 가을에는 감나무에 홍시가 된 채로 까치밥이 달려 있는 서정적인 풍경을 느낄 수 있다. 장독대와 어울리는 정겨운 한옥의 아름다운 장면이다.

韓屋의 美

12 충남 고택들

논산 명제고택 | 이삼장군고택 | 이남규선생고택
아산 외암마을 | 송화댁과 교수댁 | 아산 건재고택
아산 맹씨행단 | 홍성 조응식가옥

충남 고택들

천안
45
아산시
배방면
21
23
맹씨행단
설화산
외암리민속마을
623
송악
39
아산건재고택
예산
송화택
39
공주→
32
송악면
공주시
32
32
이남규선생고택
예산
저수지
홍성
장곡면
상월면 주곡리
이삼장군고택
논산명제고택
공주→
홍성
조응식가옥
노성
645
691
619

논산論山 명제고택明齋古宅

중요민속자료 제190호 | 충남 논산시 노성면 교촌리 306

1

• • •

충남 논산군 노성면 교촌리에는 숙종 때 소론의 지도자였던 윤증尹拯의 고택이 있다. 옥녀탄금형玉女彈琴形의 명당으로, 백제시대 노성산성이 있는 노성산을 배산으로 노성향교와 나란히 배치되어 있다. 이 댁은 국도에서 마을길로 접어들어 조금 올라가면 나온다. 집 앞으로 직접 보이는 시선을 막기 위한 등선과 커다란 아름드리 느티나무가 서 있다. 그 옆으로 윤증 선생의 어머니 공주이씨 정려각이 팔작지붕으로 꾸며져 있다. 윤증 선생을 이해하기 위해서는 이 정려문을 읽어 봐야 한다. 정려문에는 윤증 선생의 생애를 설명하고 있다. 내용에 의하면 이곳에 있는 정려의 주인공은 문경공 미촌 윤선거의 부인이며, 명재 윤증 선생의 어머니다. 윤선거는 김집金集의 문인으로, 1636년 청국의 사신이 왔을 때 유생들을 거느리고 청나라 사신 용골대를 죽이고 명나라에 대한 의義를 지키고자 상소를 올렸다. 그해 겨울, 청 태종이 병자호란을 일으키자 윤선거 선생은 강화도로 피난을 떠났다. 강화도마저 함락되자 어머니는 청군에게 죽느니 순절을 택하였다. 이를 계기로 윤증 선생은 조정의 관직에 임명되어도 조정에 나가 벼슬을 한

집 앞 연지의 아름다움 풍광

다는 것은 어머니의 순절에 대한 보답이 아니라며 사양하였다. 윤증의 덕행에 많은 선비들은 그를 '백의정승'이라 대우했다.

이 고택은 부드러운 곡선의 노성산의 산줄기가 세 갈래로 흘러내린 가운데 능선 끝에 자리하고 있다. 동쪽으로 흘러내린 언덕 위로 보이는 지붕의 곡선들이 안정감이 있다. 정면에서 보면 기와의 지붕 용마루 곡선이 산의 곡선과 같은 반경으로 맞아 떨어져 부드러우면서도 자연스럽게 산과 하나가 되는 느낌을 체험할 수 있다. 가옥은 산 아래 높은 기단을 만들고 그 위에 팔작지붕의 사랑채와 행랑채를 정면으로 배치되어 있다. 집 앞에는 커다란 연못과 바깥마당 그리고 정갈한 우물이 자리하고 있다. 연지 가운데에는 둥근 동산을 꾸미고 커다란 배롱나무가 심어져 있으며 연지 끝자락, 즉 명제선생 고택 옆으로는 노성향교가 자

사랑채와 안채 중문, 그리고 우측의 사당

리하고 있어서 고전적이고 그윽한 분위기가 느껴진다. 이 가옥은 사랑채 정면과 동쪽편에 언덕을 이루고 그 위에 소나무를 심어 마을길에서 직접 보이지 않도록 꾸며져 있다. 그리고 동쪽 언덕으로는 이 집의 역사를 내려다보는 듯한 세 그루의 커다란 느티나무 노거수가 있어 여름이면 녹음이 마당 가득히 짙어진다. 또한 이 가옥의 뒷산 자락에는 곡선미가 아름다운 노송 숲이 집을 향하여 기울어져 있는 풍경이 장관을 이루고, 사방으로는 꽃과 나무들이 어우러져 계절따라 변한다. 이렇듯 명제고택은 나무들이 옹기종기 모여 새의 둥지처럼 자리하고 있는 아름다운 공간을 감상할 수 있다.

한편, 이 댁으로 출입하는 방법은 두 가지가 있다. 한 갈래 길은 직선으로, 사랑마당 옆 우물과 연지 사이를 통해 안채로 가는 길이다. 또 한

안채로 들어가는 길 옆, 향나무 아래의 300년 된 우물과 안채로 가면서 보이는 사랑채의 정취

갈래 길은 사랑채로 향하는 길로 두 길 사이를 구분하는 것은 아주 커다란 배롱나무인데, 세월의 나이를 먹어 잘 자란 나무 가지를 늘어뜨리며 아치를 이루었다. 더욱이 사대부집이라면 응당 있어야 할 높은 솟을대문에 정려가 없는 것이 이 집의 특징이다. 이 커다란 배롱나무는 담장과 대문 역할을 톡톡히 해내고 있다. 한편 집안의 풍경은 언뜻 보면 대문이 없기 때문에 연못이 윤증고택의 일부라는 생각이 들지 않을 수도 있다. 그러나 연못이 경계이면서 향교로 가는 길과 이댁으로 오는 길을 구분하고 있다. 한여름에 빨간 꽃이 피어나는 커다란 배롱나무는 연지에 비친 그림자와 함께 붉게 물든다. 사랑채 주변에는 담이 없기에 더더욱 모든 사람에게 마음을 열어두고 있다는 집주인의 심성을 표현하는 것 같은 의도가 느껴져 가옥 전체가 개방된 분위기

정갈한 선비의 기품이 있는 명제고택의 사랑채

를 풍긴다.

사랑채는 2단의 기단을 성벽 돌처럼 모서리만 조금씩 모를 접어 이고석 쌓기로 자연스럽게 쌓아 친근하게 만들었다. 기단은 2단으로 나누고, 아래 단은 5벌대로 상단은 2벌대로 만들었다. 사랑채 전면에 있는 계단도 하단에는 기둥 한 칸 폭으로 넓게 놓았고, 상단은 1/3 크기로 계단으로 오르는 동작을 모아주는 역할을 한다. 위 기단의 누마루 앞 갑석에는 이 근처에서 구 할 수 없는 돌을 이용하여 금강산을 닮도록 만든 작은 연못이 있다. 앙증맞은 석가산은 집 주인의 또 다른 이상향을 보여 주는 듯하다. 사랑채의 축조 방법은 기단 위에 사다리꼴 모양의 한 자 정도 높이로 화강석을 잘 다듬어 주춧돌로 세우고, 그 위에는 방형 기둥으로 꾸며 천장가구와 조립하도록 되어 있다. 크기는 정면

사랑채 후면의 모습과 협문

네 칸 측면 두 칸의 장방형 팔작지붕으로, 소로수장집으로 만들어 건물을 격조 있게 표현하였다.

동측으로는 정면 한 칸, 측면 두 칸 크기의 대청마루를 두고, 가운데 두 칸에는 온돌방을 배치했다. 온돌방 전면에는 대청마루와 연결되는 툇마루를 두고 후면에는 추녀 밑에 쪽마루를 꾸며 놓았다. 서쪽 편 한 칸은 큰사랑방 툇마루에서 두 칸의 청판에 꾸밈 머름대를 두었다. 누마루 바닥을 높이 들어 올려 하부에 함실아궁이를 두었으며, 정침 방향인 뒤편으로 사랑 부엌을 배치했다. 큰사랑의 안채쪽으로 이어 두 칸은 작은 사랑방으로 꾸며져 있다. 누마루는 머름대 위에 창틀을 달고 가운데 두 문을 옆으로 열고, 다시 추녀 아래 등자쇠에 걸도록 했다. 누마루에서 한 여름에 띠살무늬 덧문을 등자쇠에 걸어 놓고, 연못과 석가

사랑채 대청의 표정

툇마루 옆의 '도원인가' 편액

누마루 옆의 '이은시사' 편액

산의 배롱나무, 그리고 집앞에 펼쳐져 있는 푸르른 들판을 보는 경치는 가히 일품이다. 선조들의 호연지기가 느껴지는 장면이다.

큰사랑방의 창문 구조는 매우 흥미로운 부분이 많이 발견된다. 대청마루 방향 벽을 보니 후면의 반 칸은 흙벽으로 꾸몄고, 앞에는 맹장지의 사분합 들어열개문을 달아놓았다. 대청 서까래에 걸려 있는 등자쇠에 걸도록 만들어 제사나 그 밖의 많은 사람이 모여 행사를 할 때는 이 가변 벽을 열도록 설계했다. 특히, 사랑채는 사랑 후면으로 동쪽을 바라보고 외닫이 띠살무늬 방문을 달았다. 그리고 뒤편 쪽마루로 나서는 문을 만들어 마루 아래 내려서면 안채로 연결되는 협문과 사당으로 오르는 길로 갈 수 있는 역할을 하도록 꾸며 놓은 것이 인상적이다.

섬돌에 신을 벗고 대청마루로 올라서서 툇마루 끝의 누마루 쪽을 바라보면 검정색을 칠한 편액에 연두색 당채로 '도원인가桃源人家'라는 편액이 걸려 있다. 그리고 누마루 정면에는 '이은시사離隱時舍'라는, 명재의 9대손 윤하중이 걸었다는 편액이 있다. 세상을 살아가면서 떠나고 은거할 때를 잘 아는 사람이 사는 집이라는 의미로 현재 사회에서 수많은 사람들이 자기 욕심에 빠져 자기가 맡은 일에 충실하지 못하다 끝날 때 뒷모습이 깨끗하지 못한 사람들에게는 좋은 교훈이 되는 편액이다. 도원인가는 누마루 앞의 석가산과 연지, 집 주변 소나무의 수려한 경관이 무릉도원 같다는 표현으로 집 주위의 경관이 그만큼 아름다운 집이다.

명제고택의 사랑채에는 미닫이 여닫이라는 특수한 창문이 있다. 큰사랑채와 작은 사랑방 사이의 문으로 드나드는 불편함을 덜기 위해 만든 것으로, 머름대 위에 홈 틀이 있는 네 문짝이 있다. 좌우에 있는 문짝은 좌우 문설주에 고정시키고 중앙의 두 짝 미닫이문을 좌우로 움직

사랑채 앞의 해시계

이는 형태다. 두개의 방 사이를 넓게 사용하고 싶을 때는 미닫이를 좌우로 밀어 연 다음 잡아당기면 문이 돌쩌귀에 고정되면서 네 짝을 열 수 있도록 되어 있다. 전통 한옥의 창문 구조로는 매우 특이한 모습으로 도편수의 고도의 기술을 엿볼 수 있는 장면이다. 그러하듯 아름답고 기능적인 것을 만들려는 당시의 건축가가 있기 때문에 전통 한옥이 더욱 의미 있다. 또 하나의 특별한 것으로 사랑채로 오르는 계단 옆에는 네모난 돌에 글씨가 음각되어 있는 해시계가 있다. 이는 집의 방향을 나타내기도 하고 당시 시계가 없던 시절에 해의 흐름을 관찰하여 하루를 계획하려는 주인의 면밀한 실천의식을 표현하고 있다.

행랑채는 중앙에 중문을 두고 안측간과 중문칸, 그리고 곳간채가 있다. 안채는 몇 단의 대문 앞 돌계단 위로 걸어 올라와 오른쪽 측면으로 돌아 들어가야 한다. 시선으로부터 안채를 보호하기 위해 판벽으로 내부가 직접 보이지 않게 전면을 막았기 때문이다. 안채는 아이들과 여자들의 공간이므로 유교사회의 엄격한 생활의 한 모습으로 시선을 막은 것인데, 이 벽의 하단 부분과 상단 부분은 개방되어 있다. 이렇게 개방시켜 놓은 것은 공간을 막기 위한 목적이 아닌, 단순히 가리개의 역할을 위해 설계한 것이기 때문이다. 일반벽인 흙벽 대신 나무를 재료로 한 이유도 접근을 멀리하도록 거리감을 주려는 의도보다는 주의 정도의 의미가 더욱 강하다.

대문을 돌아 안마당으로 내려서면 'ㄷ'자 평면을 가진 안채는 완벽한 대칭을 이루고 자리하고 있다. 평면 형태를 살펴보면 가운데 다섯 칸 대청을 중심으로 안채와 양날개채를 두고 있는데, 날개채 끝 좌우에 모두 부엌을 시설했다. 양날개채 방문 앞에는 서로 같은 크기의 툇마루를 두어 완전한 대칭의 입면을 이루고 있다. 이들 세 채가 이어진 지붕 용마루선은 모두 동일한 높이에서 만나며, 대칭적 구성과 함께 수평적인 평온함을 안마당에 부여하고 있다. 안마당의 중심성은 마당의 비례에 의해서도 얻어진다. 거의 정사각형 비례를 이루고 있기 때문이다. 이 집의 다른 마당들이 길쭉한 직사각형 비례를 가진 것과 크게 대비된다. 넓어진 대청 때문에 안마당의 크기가 넓어졌고, 기단과 초석 기둥들을 낮추어 안채의 높이는 더욱 낮아졌기에 더 밝고 안정적인 느낌을 준다. 수직적인 선이 강조되는 높은 기단에 중층 높이의 대청마루는 경상도 지방의 'ㅁ'자 평면처럼 장대하지는 않지만 온화한 느낌이 든다.

안채는 2벌대 기단 위에 사다리꼴로 다듬은 주춧돌을 놓고 그 위에 네모난 방형 기둥을 세운 5량 집으로 정면 다섯 칸에 측면 두 칸의 넓은 대청마루를 두었다. 건물의 폭이 넓어 답답함을 느끼지 않도록 하였다. 대청마루 앞 디딤돌은 잘 다듬은 장방형 장대석을 놓아 주춧돌

중문에서 본 풍경

개방감이 느껴지는 안채

세월의 흔적을 느끼게 하는 바라지창

과 어울리도록 만들어 절제된 느낌을 준다. 안채와 사당을 둘러싼 담장은 자연을 거스르지 않고 경사를 그대로 계단형식으로 만들어 자연과 어우러지기 위한 인간의 마음이 담긴 것임을 느낄 수 있다.

안채의 가구 방법을 보면 방형의 기둥에 잘생긴 둥근 대들보를 걸고, 보를 받치는 보아지는 없는 홑처마다. 대청에는 중보와 대들보 사이에 동자주를 세우지 않았다. 장혀 높이의 턱만을 받쳐서 거의 대들보 사이에 조그마한 공간이 떠 있는 모습이다. 반면, 마루대공은 높게 처리해 판재를 여러 장 연결한 사다리꼴 판대공을 사용하고 있다. 따라서 추녀 끝 서까래의 경사면이 완만하게 처리되어 있다.

안채 대청마루의 특징 가운데 하나는 대청 좌우 끝에 한 칸 뒤로 물려 후벽에 닿도록 방을 둔 것이다. 안방 옆의 고방의 전면은 머름판을 댄 창틀 위에 2분합 띠살무늬 문으로 꾸며져 있다. 건넌방 앞의 고방은 전면에는 머름판을 댄 창틀 위에 2분합 띠살무늬 문과 함께 대청에서 드나드는 출입문인 외닫이 띠살무늬 문을 달아 꾸몄다. 이런 방이 대청의 평면과 이미지에 크게 영향을 주는데, 특히 건넌방 옆에 붙은 고방은 창틀 위에 편액을 걸어놓았다.

대청마루는 소나무 나뭇결이 부재마다 아름답게 표현되어 중후한 맛과 운치를 더해 준다. 또한 대청 후벽에 붙은 세 칸의 기둥 사이에는 바라지창을 꾸미고 머름대 아래는 청판과 머름을 꾸몄다. 그리고 그 위에 창틀을 만들어 판재를 이어 붙이고 중간에 두 줄의 배목을 댄 2분합으로 꾸몄다. 바라지창은 방풍창으로, 구조적으로 견고하게 만들었다. 대청마루에 앉아 방풍판을 열어젖히는 계절이 오면 남쪽에서 불어오는 봄바람이 대청마루를 지나 언덕 위에 자리한 장독대로 바람이 흘러 빠져나가는 한옥의 과학적인 지혜와 의장적인 멋스러움을 느낄 수 있다.

한옥의 민가는 손님을 위한 집이 아니라 집 주인이 편하게 지내기 위한 집이다. 따라서 진정한 한옥의 아름다움을 느끼려면 안에서 밖을 바라다보아야 한다. 아울러 이 건물이 지어지게 된 이야기나 이 집을 어떠한 마음으로 지키고 살다 갔는지 집안의 역사를 듣는 것이 중요하다. 그러나 일반적으로는 어렵게 답사 길에 올라 찾아와서도 전통 한옥의 진정한 속내를 맛보지 못하고, 외형적인 모습만을 본 채 사진 몇 장 찍고 돌아가 버린다. 명재 선생의 소박하고 청결한 생각과 부모에 대한 지극한 효심을 생각하면서 이 집을 볼 수 있다면 이 집을 더욱 아름다운 고택의 하나로 우리 기억 속에 영원히 아름답게 간직할 수 있을 것이다.

차 한잔의 여유가 느껴지는 안채 대청의 여름날 풍경

늠름한 대들보의 선이 아름다운 안채 대청

안좌우의 날개채의 평면 구조는 북쪽으로는 방을 두고, 남쪽으로는 아래채와 만나는 쪽으로 부엌을 두고 있다. 그리고 양쪽 부엌 상부에는 다락을 꾸며놓았다. 안방 아래 부엌은 광채와 장독대로 나가기 편리하도록 부엌문을 두어 사용했다. 한편 건넌방의 부엌은 사당에 음식을 만들어 다니기 편리하도록 사당으로 가는 문과 연결했다. 부엌의 외관적인 특징으로는 추녀 아래 널판지를 달아, 추녀 아래를 타고 방쪽으로 흐르는 연기를 차단하는 시설을 두었다는 점이다. 현대 건축에 방연 벽이 있는데 이 방연 벽의 역사는 우리 조상들이 외국 기술을 앞선 듯하다.

안채 방의 뒤편 처마 아래는 기와로 쌓은 굴뚝이 화방벽처럼 만들어져 건물 좌우에 하나씩 꾸며져 있다. 그 위에 올라앉은 옹기로 만든 연가는 매우 독창적인 조형물로 집안의 역사와 같이 하는 물건 중 하나다. 예전에는 굴뚝에도 신이 있다 하여 가을 추수가 끝나면 떡을 해 올려놓고 빌던 풍습이 있다. 겨울 내내 따뜻하게 해줄 굴뚝에 문제라도 생기면 큰일이기에 그러한 풍습이 대대로 내려온 것이다.

안채 서쪽 거의 가까운 곳에 광채가 있다. 대부분 건물은 어느 정도 거리를 두고 있지만, 이 가옥은 지형의 한계 때문에 약 2m 정도만 떨어져 있다. 두 건물 사이에 가까이 만들어진 기단을 두고 장독대에서 흐르는 빗물과 처마 빗물을 모아 처리하는 배수 기능을 담당했다. 비나 눈이 오는 날씨에는 추녀 아래로 통로의 기능도 겸비했다.

이 가옥은 장독대의 위치가 뒤의 언덕위에 자리하고 있는데, 대부분의 가옥들은 통풍이 잘 되고 일조량이 좋으며 부엌에서 가까운 곳에 주로 위치하고 있다. 명재 고택의 장독대 역시 자연석 막돌쌓기의 높은 축대 위, 처마 높이 되는 지점에 별도의 단을 만들어 가지런히 모셔 놓

광채 처마와 안채 처마의 만남, 그리고 하늘과의 만남

양지바른 안채 후면과 장독대

사당 앞 풍경

았다. 햇볕도 잘 들고 바람도 잘 통하여 장이 맛있게 숙성되는 특별한 자리다. 그러한 역사 때문인지 최근 이 집에서는 장을 담아 시판하는 일도 한다.

옛날에는 시집갈 때 사위집에서 장독대를 시찰하였다고 한다. 왜냐하면 그 집의 장독대가 깨끗하게 정돈되어 있으면 가정교육이 잘 된 집의 규수라고 인정받았기 때문이다. 장독대는 여인들의 삶과 애환을 담은 장소이기도 하다. 남편이나 자식이 무슨 일이든 시작하거나 멀리 출타 중일 경우, 어머니나 부인은 방금 지하에서 퍼 올린 맑은 정안수를 장독 위에 올려놓고 무사안녕과 소원성취를 빌곤 했다. 또한, 시집살이가 고된 며느리들은 장독대에 가서 장독을 닦으면서 땀이 눈물처럼 흐르는 모습으로 마음을 달랬다. 이처럼 장독대는 여인들에게 항상

지형을 닮은 아름다운 담장의 명제고택 사당

애환을 같이하는 마음의 안식처로 자리하고 있었다.

장독대 외에도 여인들을 위한 공간 하나가 이 집에 있다. 바로 안채의 건넌방 뒤편에 있는 담장 안 공간이다. 건넌방의 동쪽 편에 쪽마루가 꾸며져 있고 북쪽 언덕에는 자연석으로 허튼층쌓기를 한 기단의 화계가 있다. 경사진 담장을 이용한 층계형 담장으로 꾸며져 있다. 안채 동쪽편 건넌방은 며느리나 출가하지 않은 딸들이 기거하는 방이다. 단독 화계를 만들어 놓은 것은 집 안채의 폐쇄적인 공간에서 지내는 답답함을 이곳에서 풀도록 한 것이다. 이른 봄날 화단의 오래된 매화나무에 하얀 매화꽃이 피면 이 집에 봄소식이 전해진다.

이 가옥의 사당은 정침의 담장 동쪽 끝자락 언덕위에 별도의 담장을 꾸미고 자리하고 있다. 3칸짜리 맞배지붕의 사당은 잘 다듬은 긴 장대석을 외벌대로 돌리고 그 위에 둥근기둥에 단청이 칠해져 있다. 특히, 반 칸은 마루로 꾸미고 뒤로 물러 신위를 모시는 방을 만들고 있다. 특히 안채에서는 서쪽 부엌에서 사당으로 가는 협문을 두고 있으며, 사당 앞에는 넓은 마당이 있었으나 지금은 보기만 해도 넉넉한 커다란 장독들이 질서정연하게 줄을 맞추고 있어 멋진 분위기를 보여주고 있다.

이삼장군고택 李森將軍故宅

충청남도지정 민속자료 제7호 | 충남 논산시 상월면 주곡리 51

2

공주에서 논산으로 가는 32번 국도를 따라 가다 계룡산 산자락이 끝나는 지점에서 동쪽방향으로 상월리로 가는 길에 접어들면, 들판을 지나 길에서는 잘 보이지 않는 모퉁이 안에 마을이 하나 나타난다. 마을 초입에 걸린 마을 안내판이 이곳이 예사롭지 않은 마을임을 암시한다. 윤증 고택에서 불과 4km 남짓 떨어진 곳에 위치한 이 마을은 주곡리로, 우리말로는 '술골'이라 불린다. 다시 말해 '술 익는 마을'이다. 조선시대에는 '주막리'로 불렸는데 나중에 주곡리로 바뀌었다고 한다.

마을에 들어서면 여느 전통 마을과 같이 조그만 개울이 나타난다. 개울을 건너 몇 십 보정도 들어가면 마을 어귀에 커다란 느티나무가 서 있다. 나무 아래, 길의 좌우로 마을의 안녕을 기원하는 솟대와 장승이 가지런히 서 있다. 마을의 옛 정취가 물씬 풍긴다. 이러한 모습은 지금은 좀처럼 찾아보기 어려운, 사라져가는 옛 마을 풍경의 하나로 우리가 꼭 보존해야 하는 우리 전통 문화다.

이 마을의 장승은 입향조入鄕祖가 동민들의 화합을 위하여 수호신으

주곡리 마을 앞 장승

로 세운 것이다. 임진왜란 때 마을에 쳐들어 왔던 왜구들이 마을 입구에 서 있는 장승을 사람인줄 알고 총을 쐈는데, 아무리 총을 쏴도 죽지 않자 당황했다고 한다. 총소리를 들은 마을 사람들이 그 틈을 이용해 마을을 빠져나와 목숨을 구했다는 이야기가 전해진다.

이곳에서 마을 안을 바라보니 높은 언덕 위에 커다란 굴참나무를 머리에 얹은 모습의 기와집이 보인다. 이 집이 바로 이삼장군 고택이다. 이삼(李森, 1677~1735) 장군은 조선 영조 때의 무관武官으로 자字는 원백遠伯이고 호號는 백일헌白日軒이다. 논산시 상월면 주곡리에서 태어나 조선 경종 때 포도대장을 지내고, 영조 원년에는 어영대장을 지내다가

이삼장군댁 대문 앞 풍경

대문채에서 바라본 정침

귓기둥의 처마선이 아름다운 사랑채 누마루의 풍경

사랑채의 누마루와 온돌방

무지개형 퇴보로 꾸며진 사랑 누마루

당쟁과 관련해 귀향했다가 나중에 훈련대장이 된 인물이다. 고택 뒤의 굴참나무와 담장 대신 문간에 기대어 서 있는 커다란 은행나무가 인상적이다. 솟을대문 옆에 심어진 이 커다란 은행나무는 이삼 선생이 생전에 말고삐를 매어두던 나무라고 한다. 솟을대문으로 들어서면 네 자 정도 높이의 막돌허튼층쌓기 방식으로 쌓은 높은 축대가 나온다. 그 위 정면 중앙에 안채로 들어가는 중문을 두었다. 왼쪽으로는 사랑채의 누마루가 있고, 오른쪽으로는 안채 날개채의 널찍한 마루를 두었다. 매우 독특한 방식의 마루로 다른 가옥에서는 좀처럼 찾아보기 힘든 사례다.

사랑채는 정면 세 칸 측면 두 칸으로 되어 있다. 그중 측면 한 칸에 머름 없는 띠살무늬 4분합문을 달아 여름이면 들어열개 문을 천장에 매달아 개방적인 공간을 연출하게 했다. 누마루 아래는 아궁이를 두

건넌방 툇마루와 담장의 아름다운 여백

어 두 칸의 온돌방에 불을 때도록 했다. 한 칸의 누마루를 기단 모서리에 꾸며 마을 어귀나 앞을 볼 수 있도록 시야를 고려했다. 누마루 난간은 별다른 장식 없이, 돌란대에 동자주만을 세우는 형식으로 간결하게 만들었다. 난간의 사랑누마루에서 덧문을 열고 밖을 보면 들판과 건너편 산이 사랑채 난간 아래로 들어오는 멋을 감상하게 된다. 온돌방 전면에도 누마루보다 한 단 낮은 크기의 마루를 두었다. 사랑마루에서는 마을 입구에서부터 마을 안 깊숙이 보이게 만들어 놓아 있어서 자연과 주변의 환경을 최대한 포용하려는 집 주인의 심성이 엿보인다.

사랑채의 배치 형식을 보자. 이삼고택 사랑채는 곳간채와 옆으로 연결된 '一'자형 건물이다. 온돌방은 전면 두 칸의 크기로, 반 칸을 들여 툇간을 만들고 머름대를 대서 창틀을 꾸몄다. 2분합 띠살무늬 덧문을 달아 놓았는데, 미닫이문은 '아亞'자형 길상자 창살을 꾸며 복과 행

정침 서편으로 넓게 만들어 놓은 안채의 뒤뜰

운이 깃들기를 기원하는 의미로 꾸몄다. 툇마루 상부는 홍예 모양으로 둥근 툇보를 꾸미고, 방형의 기둥은 가냘프게 보일 정도로 날씬한 기둥을 조립하고 있다.

툇마루와 누마루는 단을 달리하여 구분하고 있는데, 이 가옥은 특히 대문채 쪽으로 다양한 모습의 마루가 꾸며져 있다. 건넌방 아랫방은 마당 쪽으로 두 칸 폭의 마루를 낮게 꾸미고, 방에서 다니는 외닫이 띠살무늬문을 달았다. 머름대 없이, 하인방 창틀을 이용한 2분합 덧문 마루는 남녀 구별이 뚜렷한 조선시대에 설치됐다는 것이 믿기지 않는다. 이것은 장성한 아들이 누마루가 있는 사랑채와 가까운 곳에 기거하면서 집에 찾아온 사람들의 동정을 살필 수 있도록 만든 것이다. 건넌방에 기거하는 여자들을 위해 동쪽에도 툇마루를 두고 낮은 담을 두어 대

다듬은 돌로 이고석 쌓기 한 기단의 안채

문으로 다니는 사람들이나 하인들의 시선을 차단한 배려가 눈에 띈다. 담장을 울타리처럼 두르고 담장 너머 마을 모습이나 마당 앞의 동태를 살필 수도 있다.

건넌방 툇마루 끝에 외닫이 판문을 달아 후원으로도 나갈 수 있게 하는 등, 많은 곳에서 공간을 효율적으로 연결한 기술이 돋보인다. 아래 건넌방과 건넌방 사이에는 부엌을 만들어 남녀유별을 실천하고, 밖으로 만든 문을 이용하여 사당으로 다니는 길을 두었다. 건넌방 날개채에는 중문 옆에 붙은 아궁이를 비롯해 두 군데에 아궁이를 만들어 두었다.

사랑 남쪽으로도 마당을 두었다. 마당 한쪽에는 모서리 후원으로 연결되는 협문을 만들고, 옆에는 나무와 꽃을 심어 지형상 마을의 다른

안채의 대청마루

집에서 사랑채 쪽을 볼 수 없게 하고, 대신 아름다운 경관을 볼 수 있도록 꾸며두었다. 사랑채 옆으로는 사랑지붕보다 낮게 만든 네 칸에 한 칸 규모의 아래채와 연결되어 있는데, 세 칸은 토벽으로 막고 한 칸은 중인방과 상인방 사이에 살창을 두어 채광과 통풍이 되도록 꾸며놓았다. 전면인 안채는 흙벽으로 꾸미고, 두 번째 칸 벽의 중간 부분에 살창을 두어 외부 바람이 살창을 통해 안채로 들어오도록 하였다. 'ㅁ'자형의 안채에 공기가 정체되면 살창의 바람 기류를 이용해 흐름을 유도한 과학적인 설계 방식이다. 안마당 실내 공기가 뜨거워지는 여름 오후 한나절에 살창 앞에 서면 안마당의 데워진 공기가 상승되면서 시원한 바람이 땀을 적셔줄 정도로 기능이 좋다. 곳간채 안은 두 칸으로 구분했는데 어깨 높이만큼은 토벽으로 만들었다. 살림살이의 종류에 따라 놓는 장소를 구분하고, 창문이 하나여서 생기는 외벽의 답답함을 해소

대들보와 퇴보의 만남

한 기술이 흥미롭다. 이러한 기능들을 통하여 바깥주인의 특별한 가족애와 함께 편리하게 건축을 설계한 도편수의 솜씨가 느껴진다.

안채로 연결되는 중문으로 들어서면 오른편에 아궁이가 보인다. 안마당은 마사토로 군더더기 없이 깔끔하게 정리해 놓았다. 안마당은 대지의 경사를 잘 이용했기 때문에 충분한 일조를 받을 수 있도록 되어 답답함을 느낄 수 없다. 아울러 중문과 아래채 지붕의 높이를 거의 반 층 정도 차이가 나게 배치해 개방감을 극대화했다. 안채는 잘 다듬은 장방형 석재를 수평줄눈을 맞추는 방식인 이고석쌓기로 작업해 4벌대의 기단을 두었다. 오른쪽 건넌방과 아래쪽 사랑방은 반 칸 밖으로 벌려 놓은 배치에서 생기는 여백 공간에 폭 넓은 계단을 설치해 대청으로 오르내리기 편하게 했다. 이 계단을 통해 건넌방과 아래사랑방 사이에 마련된 부엌으로도 들어갈 수 있다.

안채는 세 칸의 대청을 가운데 두고, 대청 앞에 별도의 툇마루를 두고 있다. 지금은 내주 기둥의 창틀과 창방 위에 격자형 광창이 붙어 있어 들어열개 4분합문이 있었음을 짐작할 따름이다. 대청 후벽 가운데는 띠살무늬 2분합 창호지문을 달아 뒤뜰로 나갈 때 사용했다. 그리고 3칸의 바라지창 중에서 좌우 두 칸에는 바라지창으로 창호지를 바른 띠살무늬 문을 달았다. 일반적으로 바라지창은 판벽으로 만들기에 이 집의 바라지창은 이색적인 방법으로 보인다. 이삼고택은 북부형의 'ㅁ'자 평면에 창호지를 발랐는데, 개방적인 창호의 선택은 남부지방의 특징을 따른 것이다. 이 가옥은 대청마루도 방안과 같은 분위기를 풍겨 의장적으로 매우 매력적이다. 이처럼 중부지방은 추운 지방과 따뜻한 지방의 건축 양식이 혼합되는 양상을 보여준다. 지형적인 환경에 적응하기 위한 한옥 특징의 일부를 보여 주는 사례다.

대청마루 중앙은 사다리꼴 모양의 주춧돌이 방형 기둥을 받치고 있고, 세 개의 섬돌이 가지런히 놓였다. 대청 서편으로 안방에 별도의 윗방을 배치하고, 두 칸을 온돌방으로 사용했다. 부엌이 연결되어 있다. 안방은 윗방과 아랫방 사이에 들어열개문을 달아 공간을 넓게 사용케 했다. 문을 보니, 윗방은 우물천장에 등자쇠를 달아 고방으로 사용하던 것이 지금의 모습으로 바뀐 듯하다. 윗방 상부에 꾸며진 들창을 들면 시원한 바람이 흐르고, 장독대와 담장 너머 뒷산의 푸르른 솔밭이 보여 한 장의 풍경화를 보는 듯 아름답다.

안채에서 눈여겨볼 것은 대청마루 후벽에 붙은 바라지창 너머 후원의 전경이다. 좌측 문틀에는 장독대가, 가운데 문틀로는 꽃과 담장의 결이 보인다. 담장의 기와지붕이 어울려 마치 한 장의 스냅사진처럼 보이는 멋진 풍광. 후원에 꽃이 피는 여름이 찾아오면 이곳이 대청이

안방과 대청마루

아닌 누마루 같은 착각마저 들게 된다.

이 가옥의 안채는 네모난 기둥 위에 커다란 나무를 둥글게 모를 죽여 깎아 대들보로 걸었다. 그 위에 짧은 동자주를 세우고 중보를 걸쳤다. 중보는 약간 대공 방향으로 홍예 형식을 하고 있다. 그 위에 사다리꼴 판대공을 올렸다. 장식적인 조각은 없으나 세월의 흔적이 묻어나는 부재들이 이 집에 고즈넉한 운치를 더해준다. 대들보와 기둥이 만나는 보 아래 보아지 없이 조립된 기둥머리 기법도 특이하다. 대들보에 비해 현저하게 가냘픈 툇보는 장식 없는 순순한 한국의 아름다움을 보여준다. 안방의 윗방과 건넌방 벽은 맹장지 분합문인 들어열개식으로 만들어 가변적인 벽을 만들었다. 대청을 하나로 사용할 수 있어 개방적인 실내 공간 연출이 가능했다. 이때 맹장지의 하얀 한지와, 판벽이 아

들어열개 분합문을 벽으로 하는 건넌방

닌 회벽 후벽이 실내를 더 밝게 만들었다.

건넌방의 불발기문은 여름에는 천장에 매달아 넓은 대청으로 사용하고 겨울에는 내려놓아 방의 벽으로 사용하는 공간 유연성을 느낄 수 있다. 이 불발기문은 커다란 두 짝의 문을 좌우에 달고 큰 문짝의 반 크기로 출입문을 두어 사용했다. 그러나 윗방은 3분합 불발기문을 만들고 가운데에 출입문을 만들었다. 온돌방인 안방은 마루대공과 직선으로 세워진 기둥에 궁창이 붙은 세살문을 설치했다. 대청마루엔 지금은 없지만, 기둥 좌우로 덧댄 문틀이 보이는데 상부의 광창을 보면 예전에 4분합 분합문을 만들어 겨울에 추위를 막은 듯 보인다.

한옥의 아름다움은 창문에 있다고 해도 과언이 아니다. 현대 건축에서는 외부의 조형미가 내부에서 표현되지 않아 가구나 액자 등을 걸어 장식한다. 그러나 전통 한옥에서는 벽에 직접 그림을 그려 미닫이가

햇살의 움직임으로 변화하는 안방과 윗방의 아름다운 창호 표정

건넌방 창호의 아름다운 배열

5량의 구조인 부엌 위에 꾸며진 안방 다락

들어가는 거북두껍집에 붙이기도 하고, 벽장문을 활용하기도 한다. 이때 그림이나 글은 두루마리 형식으로 만들어 필요할 때 걸었다가 지루해지면 말아 다락에 보관하는 방식을 사용했다. 그 외에도 창문의 틀이나 모양, 크기를 용도에 따라 조절했다. 또 문을 열면 주변의 아름다운 경치가 한 폭의 풍경화처럼 담기는 위치를 찾아 창문을 달았다. 사계절 날씨 변화에 따라 달라지는 풍경을 창문을 통해 감상하니 같은 그림을 놓고 수십 년간 감상하는 현대 미술과는 비교도 되지 않는다.

안방과 건넌방의 부엌 위에는 다락이 꾸며져 있다. 우물마루에 넉넉한 광창을 배치해 조명이 없던 시절의 어두운 다락을 슬기롭게 해결했다. 다락은 가사 생활에 필요한 많은 생활도구를 보관하는 장소로 사

화방벽으로 꾸민 사당의 단촐함

용했다.

다락이 할머니의 요술 보따리인 줄 알던 시절이 있었다. 도깨비 방망이에 관한 옛날이야기를 해주다가도 손자들이 배고파하면 할머니는 '우리 새끼들, 무엇이 필요하누?' 하며 다락문을 여셨다. 그 안에서 깨강정, 화로에 구워먹는 고구마나, 감자, 설날에 먹다 남은 가래떡 등을 조청과 함께 꺼내오셨다. 다락을 바라보니 그때 그 시절 추억이 새삼스레 그리움으로 샘솟는다.

뒷담은 완자형으로 만들어 놓았다. 안쪽에는 장독대를 꾸몄고, 동쪽 언덕 위에는 사당을 만들어 불천위를 모시고 있다. 사당의 별도의 담장은 뒷 담장은 없이 바로 산으로 연결되어 있는 것이 흥미로운데 사당에서는 마을 안이 다 내려다보이는 전망이 좋은 곳을 선택했다. 사당은 세 칸의 화방벽으로 배면과 옆면을 꾸몄고, 전면은 반 칸을 뒤로 물러 퇴를 만든 단청으로 초각 없이 간결하게 장식했다. 맹장지 창살 벽이 특이한 의장성을 보여준다.

이남규선생고택 李南珪先生故宅

충남유형문화재 제68호 I 충남 예산군 대술면 상항리

3

• • •

수당修堂 이남규 선생의 고택은 외암리 민속마을이 있는 아산시 송악면 소재지를 지나 616번 도로를 타야 한다. 송악 저수지가 나타나면 아름다운 경치를 따라 꼬불꼬불 오형제 고개를 넘어가면 곧 예산군 대술면에 다다른다. 산을 내려가다 송석 저수지를 지나 조금 더 들어가면 645번 국도와 나누어지는 지점에서 이 고택의 이정표를 볼 수 있다.

수당선생고택은 상항리 갈막마을 끝부분에 있는 방산 저수지 바로 아래 남쪽 산자락 밑에 있다. 조선시대 풍수학적으로 생각해봐도 커다란 저수지 아래에 이 같은 가옥이 있을 것 같지 않은 곳에, 이 가옥은 남쪽을 바라보며 자리하고 있다. 태백산 자락에서 이어진 산줄기가 이 집이 있는 천방산을 지나 극정봉과 국사봉을 거쳐 청양 칠갑산으로 이어진다. 천방산에서 흐르는 계곡물은 곱적골과 양지말을 거쳐 이 고택이 있는 새터에서 만난다. 그러나 지금은 방산 저수지가 생겨 물들은 이 저수지에 머물게 되었다.

봉수산 서쪽으로 이어진 작은 능선의 남쪽 끝 지점이 이 가옥의 뒷

곱게 든 가을 단풍에 싸여 있는 이남규선생고택

산이 되었으며, 집 앞으로 난 길을 따라 마을로 내려가면 들판이 길게 이어진다. 방산 저수지를 만들 때, 저수지 안에 있던 절터에서 옮겨온 부처님이 저수지 바로 밑의 산에 연화대석과 함께 보존되어 있다. 그 주위를 나지막한 돌담으로 쌓아 놓았다.

저수지를 만들 때 이 집 역시 수몰될 뻔 했으나 독립지사인 수당 이남규 선생의 자택이었으므로 보존될 수 있었다 한다. 또한 애국지사가 많이 나온 가문답게 애국 훈장만도 몇 개씩 받아, 최근에 사랑채 옆에 기념관을 짓고 집안의 유물들을 전시하고 있다. 독립기념관 관장을 역임한 후손이 이 집을 지키며 애국 충절 교육의 장으로 만들어 집안의 역사를 지키고 있다.

세월을 이기지 못하고 반쯤만 살아 있는 커다란 느티나무가 저수지

이남규 고택의 사랑채와 안채

로 가는 길에서 이 집의 이정표 역할을 한다. 좌우에는 조경 묘목이 자라고 있는데 예전엔 이곳에 수당 선생 댁에 소작을 하던 사람들의 집이 있었다 한다. 그러나 지금은 나무를 기르고 버섯을 재배하는 농장길이 되어 있다.

50여 보 정도 들어가면 넓은 마당이 나온다. 집의 전체적인 형태를 살펴보면 사랑 담장이 없다. 특이한 점이다. 오른쪽에는 높은 기단 위로 안채의 대문채가 우뚝 솟아 있고 왼쪽으로는 정원에 심어진 나무들 사이로 화계를 만들어 놓았다. 커다란 향나무는 허리를 굽히고 있어 길의 방향을 안내하듯 하고 그 사이로 사랑채가 보인다. 뒷산 아래 앉

애국지사의 숨결이 느껴지는 사랑채

아 있는 이 가옥의 사랑채와 안채는 수평으로 나란히 자리하고 있으며 사랑채는 '一'자형 팔작지붕 형태이고 안채의 형태는 튼'ㅁ'자형으로, 독립적인 담장을 두르고 있다.

이 집은 일반적인 사대부 집과는 특이한 점이 많다. 대개 사랑 앞을 지나 안채로 들어가는데 이 집은 사랑채가 안채보다 뒤편에 있고, 들어가는 방향도 다르다. 일반적으로 안채는 사랑채 뒤쪽 툇마루를 이용하거나 별도의 출입문을 달아 주변 시선을 차단하고 있는데, 이 가옥은 안채의 협문으로 사랑채 전용 문을 달아 누구나 보면 알 수 있도록 당당하게 표현했다.

사랑채와 안채가 연결되는 화계와 협문의 이음

사랑채는 막돌 허튼층쌓기로 약 3벌대 정도의 높이로 만든 기단 위에 정방형의 잘 다듬은 주춧돌을 사용했다. 그 위에 모를 접은 네모난 방주를 세워 안정감을 주었고, 기둥머리는 보를 받치는 부재인 보아지를 구름 모양으로 조각해 격조 높은 느낌을 주었다. 특히 대청마루로 오르는 기둥은 자주 사람들의 신체와 접촉되므로 부드럽게 모를 접어 옷이나 살이 모난 기둥에 다치지 않도록 세심하게 배려해 만들었다. 보아지 아래는 쇠로 감아 안정감을 주었는데, 하얀 나무와 어울린 모습이 마치 목걸이를 걸고 있는 여인의 모습과 같다. 기단 앞쪽에는 계단을 두었고, 마루로 올라서도록 만들었다.

사랑채의 규모는 전면 여섯 칸 측면 두 칸의 크기다. 중앙에 계단을 두 개 놓았고, 기단을 오르면 대청마루가 두 칸을 차지하고 있다. 왼쪽으로 전면에 분합문을 단 방 한 칸과 마루방을 두고 있다. 대청마루 뒤편에 툇마루를 두었고, 편액인 '평원정平遠亭'을 걸었다. 전면이 아닌 후면에 편액을 건 주인의 의도가 무엇인지 사뭇 궁금해진다. 대청마루 전면에는 퇴를 두고 있다.

사랑채인 평원정 좌우측에는 넉살무늬 4분합문을 단 마루방을 전면에 배치했다. 좌측에는 '청좌산방', 우측 끝 마루방에는 '홍엽산거紅葉山居'라는 편액을 걸었다. 동쪽에서 해가 뜨니 푸르름이 느껴지고, 서쪽으로 해가지니 단풍이 든다는 삼라만상의 이치를 추사 김정희체로 멋지게 조각해 걸어 놓아 사랑채를 보는 재미와 의미를 더 돈독히 해준다.

대청마루는 4분합 띠살무늬 분합문을 두 칸의 대청에 각각 꾸몄다. 왼쪽 건넌방은 반 칸을 물러 앉히어 머름대를 댄 덧문을 설치했다. 특히 왼쪽 끝에는 골방을 만들어 놓고, 뒤쪽에는 부엌 아궁이를 두었는데, 이 뒤쪽으로 건넌방과 연결되는 띠살무늬 좁은 외닫이 문이 있다. 이 좁은 외닫이문은 뒤뜰에서 안채로 다니는 비밀스런 방문이다.

사랑 부엌 상부에는 동쪽으로 광창을 둔 다락을 만들어 사랑채 건넌방에서 사용하는 여러 물건들을 보관했다. 좌우 끝에 있는 마루방은 측면으로 2분합 넌출문을 달아 툇마루와 안채 협문 쪽으로 연결했다. 부엌을 보다가 의문스런 점을 발견했다. 아궁이 앞을 개방시켜 놓고도 통풍과 살창, 북쪽 문까지 설치한 이유가 무엇일까? 자세히 살펴보니 원래 동쪽 벽은 막혀 있고 북쪽의 부엌문만 사용했던 것 같다.

사랑채는 비대칭이지만 사랑 안방과 동일한 모습을 건넌방에도 표현하고 있어 대칭적인 느낌을 강하게 준다. 사랑채 내부는 미로처럼

평원정 청좌산방의
넉살무늬 분합문

구름무늬가 조각된
기둥머리 보아지

평원정의 3벌대 기단과
계단의 자연미

사랑채 추녀의 부드러운 선

얽혀 있고, 각자 방향으로 나갈 수 있게 되어 있다. 사랑채를 이렇게 만든 덕분에 수당 선생은 이곳에서 애국지사들과 비밀회의도 하고 몸을 숨겨주기도 할 수 있었다고 한다.

안채의 행랑인 대문채는 계단을 여섯 개나 밟고 올라갈 정도로 높은 축대를 쌓았는데, 이는 경사진 땅의 높이를 맞추기 위한 것이다. 대문은 우진각 지붕의 평대문으로 하인방인 문지방과 상인방은 둥근 나무를 이용해 달이 뜬 것처럼 보이는 월방의 형태를 갖추었다. 문간채 전면 하단을 마무리한 화방벽은 둥근 냇돌을 사용해 한옥 벽체의 운치를 더해준다. 이 화방벽은 아래쪽에는 큰 돌을 쌓고 위로 올라갈수록 작

평원정 당호가 걸린 사랑대청 뒤편 쪽마루

수당고택의 안채

월방이 아름다운 수당고택 안채의 대문

은 돌을 쌓아 황토색 토벽으로 줄눈을 마감하여 안정적으로 만들었고 토벽의 부드러운 색조에서 안정감이 느껴진다.

문간채의 6벌대 자연석 막쌓기를 한 축대 위 계단을 올라 안으로 들어서면 안채 내부가 보이지 않도록 만든 대문간이 나온다. 전면의 벽을 막아서 오른편으로 돌아 들어가야 한다. 대문간은 오른쪽으로 두 칸을 두고, 대문 칸으로 외닫이 띠살무늬 출입문을 두어 안채에 오는 사람들의 동정을 파악하도록 꾸며 놓았다. 창문은 중인방과 상인방 사이에 이분합 광창을 두어 채광에 신경 썼으며, 대문채 동쪽으로 통널판문을 단 광채를 세 칸 꾸며 놓았다.

안채는 'ㄷ'자형으로, 날개채는 넓적한 돌을 이용하여 외벌대로 시작한다. 대청마루는 3벌대로 만들어 안채 대청마루를 높임으로써 튼'ㅁ'

중문에서 보이는 3칸의 대청마루가 균형미를 느끼게 하는 안채

자 형태 주택의 폐쇄적인 답답함을 해결했다. 마루는 세 칸의 전면은 대청마루로 만들고, 뒤편으로는 툇마루를 달았다. 그리고 대청마루 후벽은 칸마다 바라지창을 설치해 여름이면 시원한 바람이 들어오게 하고, 겨울이면 문을 닫아 북풍을 막았다. 안채는 뒷담과 거리가 짧지만 화계를 두어 담장 위로 소나무의 푸르름을 감상할 수 있게 했다.

안채의 날개채는 안방과 건넌방이 대칭으로 되어 있다. 그 끝에 부엌을 두 칸 두고 온돌방을 꾸몄는데, 부엌문과 통풍을 위한 살창, 부엌 상부의 다락 광창까지 모두 똑같아 반을 접어놓은 듯 보인다. 그러나 온돌방을 보면 안방과 건넌방의 방문 차이가 있는 것을 발견하게 된다. 더 큰 차이는 안방 뒤쪽의 재실에 있다. 사당이 없는 이 가옥에서는 안방 뒤쪽 끝에 재실을 꾸며 대청마루와 연결해 조상의 위패를 모시고 있다.

안채의 공간 구획에서 가장 눈여겨볼 것은 안방의 서쪽 후원이다. 안채 끝과 나란히 붙어 담장으로 구분하는데 부엌 앞에 별도의 담장을 만들어 안채 외곽 담과 이어 놓았다. 이렇게 구획된 서쪽 공간은 안채의 안방과 직접 연결된다. 2분합 판문을 달아 툇마루를 두고, 사랑으로 통하는 협문과 연결했다. 유교사상이 뿌리 깊던 조선시대의 사회적인 배경을 건물로 표현한 특별한 사례이다.

안채 대청에서 바라지창을 열면 후원과 담장, 뒷산의 나무들이 하나로 어우러져 보인다. 대청마루에 누워 시원한 바람이 얼굴을 스치면 안과 밖의 구분이 혼동되는 것을 느끼게 된다. 이와 같은 느낌은 한옥에서 체험할 수 있는 아름다움으로, 한옥은 지을 때부터 자연의 형상을 흩트리지 않고 최대한 자연에 동화되는 모습으로 지어졌기 때문이다.

안채 좌우로 협문이 하나씩 있는데, 동쪽은 뒷산으로 나가는 협문이고, 남서쪽 모서리에 안측간이 자리하고 있다. 동쪽 편에는 넓은 후원이 있는데 건넌방 부엌에서 나오면 우물이 있고 북측 담장 아래로 장독대가 있어 후원과 함께 운치를 더한다. 늦가을 담장 밖으로 서 있는 커다란 감나무에 감이 주렁주렁 열려 홍시로 변할 때면 이 가옥의 고즈넉한 풍경은 잊을 수 없는 아름다운 표정이 된다.

수당선생고택은 사랑 담장이 없어 특이한데, 내외담은 있다. 사랑채와 안채를 구별하는 내외담은 한옥만이 갖는 특이한 구조다. 내외담은 조선시대 유교사상을 생각하면 사생활에 대한 제한을 물리적으로 조절하는 장치가 된다. 또 외부에서 갑자기 손님이 찾아오면 준비를 해야 하는 안식구들에게 시간적 여유를 주기도 한다. 내외담 너머로 바라보는

여름날 대청마루의 표정

대문채와 안마당

보머리 위의 가구 조립 모습

안채의 동쪽에 있는 협문과 뒷산

기와를 이용해 꽃을 표현한 아름다운 박공

바깥 풍경이 더욱 아름답게 느껴진다.

전통 한옥의 아름다움을 설명할 때 꼭 하나 덧붙이고 싶은 부분이 바로 합각지붕에 있는 박공의 모습이다. 박공을 보면 집주인의 마음을 실은 표현이 그림이나 글자로 나타나기도 하고, 와공이 아름다운 꽃이나 문양을 넣어 한옥 지붕의 부드러운 곡선과 함께 멋을 부리기도 한다. 이 가옥에서는 기와를 이용해 꽃을 표현한 아름다운 박공을 볼 수 있다.

아산牙山 외암外巖마을

중요민속자료 제236호 | 충남 아산시 송악면 외암리

4

설화산을 배산으로 하고 남서로 흘러내린 산줄기의 남서향에 위치한 곳에 기와집과 초가집이 옹기종기 모여 커다란 마을을 이루고 살고 있는 아산의 민속마을 외암外巖마을이 자리한다. 설화산을 등지고 반대편에 위치한 맹사성孟思誠 고택이 있는 중리中里마을과 함께 약 500년 전에 형성되었다고 전해진다. 이 마을은 애초에 강씨와 목씨 등이 정착해 마을을 이루었다가, 조선 명종明宗 때 장사랑將仕郎을 지낸 예안이씨의 이정李挺이 이주해 오면서 본격적으로 지금과 같은 모습을 갖추기 시작했다. 안동 풍산의 충효당忠孝堂에서 태어난 자손 중 막내아들이 외암마을로 오면서 예안이씨는 이 마을 사대부가의 중심을 이루었다. 이후 외암마을은 예안이씨의 씨족마을로 자리매김하게 되었다. 이후에도 후손들이 번창하고 많은 인재를 배출하면서 외암마을은 점차 양반촌의 면모를 갖추게 되었다. 마을 이름은 이정의 6대손인 이간李柬의 호를 따서 '외암'이라 부르게 되었다고 한다.

현재 이 마을에는 예안이씨 사대부가의 기와집과 마을 주위의 논과 밭에 면한 곳에는 양반집에 소작을 붙여 살던 초가집들이 잘 조화를 이

마을을 지키는 해학적인 표정의 장승들

루며 자리하고 있다. 마을을 접어드는 곳에 비교적 큰 개울을 건너는데 이 곳이 마을의 초입 표시가 된다. 개울물은 설화산과 광덕산에서 흘러내리는 물로 서로 만나 흐르는 곳에 다리가 있고 다리를 건너면 물레방아간과 마을 장승이 마을길을 호위하듯 늠름하게 서 있다. 다리 아래 연자방아 앞의 반석盤石에는 이용찬李用瓚이 썼다는 '외암동천巍岩洞天'이, 옆으로는 기미년에 이백선李伯善이 썼다는 '동화수석東華水石'이란 글씨가 새겨져 있어 당시의 선비들의 생활을 엿보게 하는 곳으로 마을 초입의 아름다움을 표현하고 있다. 그 옆으로 바위 암반에 둥그런 두 개의 구멍에는 가득 고인 개울물이 햇빛을 반사하고 있다. 이 구멍들은 지금의 현대식 다리가 세워지기 전, 나무다리를 이용한 시

마을을 건너던
다리 흔적과
이용찬이 쓴 '외암동천'

절에 냇물에 다리가 떠내려가지 않도록 튼튼하게 고정하기 위한 흔적이다. 이런 흔적을 보노라면 옛날의 마을 모습이 그리워지고 지금부터 전개될 마을 모습에 기대를 품게 된다.

개울을 건너게 하던 마을 어귀는 마을의 나쁜 일들이나 질병들이 물을 통해 차단될 것으로 믿었던 옛사람들의 지혜의 표현이다. 다리를 건너자마자 만나게 되는 장승 뒤로는 귀여운 문관석文官石과 동자석童子石을 갖춘 예안이씨의 선조 묘가 자리하고 있다. 옛사람들은 죽은 조상과 살아 있는 후손은 항상 같이 생활하고 있다고 생각하여 기본적으로 마을 지척에 조상의 묘를 두었다. 지금은 가능한 한 도시에서 먼 산속에 묘를 두고, 몇 시간씩 차를 타고 찾아와야 한다. 지척에 존재하는 묘들은 우리에게 무언가 뿌리에 대한 새로운 생각을 일깨워준다. 특히

겨울의 마을 입구

마을 앞 물레방아와
냇가의 풍경

마을 어귀 밖의 구온양에서 유구와 예산으로 넘어가는 길가에 위치한 외암마을 서편의 소나무 숲에는 외암 선생의 묘소가 있는데, 마을을 지켜 주듯이 마을 앞에 모셔져 있다.

마을로 접어드는 길은 설화산에서 흘러내리는 냇가를 따라 마을을 우회하는 길과 왼편으로 돌아 들어가는 길를 이용하여 마을 골목길로 진입할 수 있다. 마을 가운데 돌담길을 따라 가면 서낭당의 역할을 하는 느티나무를 중심으로 마을의 중심축을 이루는 길이 있다. 이 길 끝에 예안이씨 종가댁이 자리하고 있는데, 흥미롭게도 골목길 끝에 별도로 구획된 담장의 사당이 기다리고 있다.

마을에는 커다란 기와집으로 영암댁, 참판댁, 송화댁 등의 양반 주택과 7, 80여 채의 초가집들이 이들 집 주위에 조화롭게 어우러져 옛 모습을 유지한 채 남아 있다. 외암리가 일찍이 민속마을로 지정되면서 비교적 관리가 잘되었기 때문이다. 양반집은 조선시대 상류 주택의 모습을 잘 갖추고 있으며, 넓은 마당과 특색 있는 정원이 당시 양반의 생활상과 풍류를 느낄 수 있게 해준다. 초가 역시 고풍스러운 모습을 잘 간직하고 있으며 돌담으로 연결된 골목길과 주변의 울창한 수림이 마을의 경관을 더욱 아름답게 한다.

특히 이 마을에는 전통적인 수법의 상류, 중류, 서민 가옥이 함께 남아 있어서 마을의 형성이나 전통 가옥의 연구에 매우 가치가 있다고 평가받고 있다. 또한 구불구불 이어진 돌담장에는 세월에 따라 이끼가 끼고 담쟁이 넝쿨이 자라, 여름에서 가을에 이르기까지 다양하게 표정이 바뀌면서 더욱 멋스러워진다. 담장 안에 심어놓은 앵두나무, 감나무, 살구나무, 산수유나무 등에서 아름답게 꽃이 필 무렵, 돌담장의 자연스럽고 중후한 석재와 담장 위에 얹힌 부드러운 꽃의 모습은 전통 한옥이 아니면 느낄 수 없는 아름다움을 느끼게 한다. 단풍이 들고 담장 위로 감이 주렁주렁 익는 가을이면 풍요의 멋을 느끼면서도 곧 다가올 한해의 뒤안길에서 함박 눈송이가 포근하게 내려 마을의 초가집과 담장을 조용히 감싸 안는 정경을 그리게 된다. 이 마을의 주요 볼거리인 돌담 너머로 집집마다 크고 작은 장독대의 부드러운 형태를 엿볼 수 있게 한다. 또한 추녀 아래에는 집 안에서 옛날부터 사용하던 생활 도구들과 창고에 미처 들어가지 못한 해묵은 농기구들이 놓여 있는데, 뜰 안의 경치와 어울려 금방이라도 과거의 시간으로 들어가 버릴 것 같은 인상을 준다. 이처럼 외암마을은 우리 민족의 살아 숨 쉬는 생활박물관을 체험케 하는 매력을 갖고 있다.

마을에서는 풍습으로 농경사회의 세시풍속인 느티나무제, 장승제, 달집태우기 등을 여전히 지내는 등 전통적인 모습을 이어오고 있어 무

노송과 돌담, 초가집이 어우러진 겨울 풍경

외암리 돌담길

외암리의 가을 풍경

마을 골목 끝 종가집
사당과 설화산

매주가 매달린 추녀의
서정적 풍경

사립문 위의 눈사람

형 문화재적인 가치 또한 크다.

정확히 어느 때부터인지 몰라도 필자가 이 마을을 찾을 때면 으레 들르는 곳이 있다. 연엽주蓮葉酒를 만드는 종손 이득선씨의 집인 예안 이씨댁(중요 민속자료 195호)이다. 마음씨 좋은 우리네 할아버지 같은 종손은 술을 그리 즐기지도 않는 나의 발길을 강하게 이끈 것이다. 이 댁에서는 정이 담뿍 담긴, 손수 농사지은 은행을 대접받거나 인생 교훈을 덤으로 들을 수 있기도 하다. 그보다도 나이가 들면서 술을 선물로 주거나 같이 마실 벗이 그리워져서 이곳을 찾는다는 게 더 옳은 대답

성곽 입구처럼 돌담이 둘러진 예안이씨 종가의 대문

인지도 모른다. 이유가 어떻든 우리 조상의 숨결을 느끼고 음미하고자 하기 때문이다.

예안이씨 참판댁의 대문채는 '一'자형 평면을 가진 여덟 칸 규모의 건물로, 솟을대문의 양쪽 기둥으로부터 돌담을 쌓아 성곽의 출입구처럼 시선을 인도하며 아름다운 공간을 구획하고 있다. 사랑채를 정면으로 바라보지 않도록 하는 배려에서 대문채는 약간 서쪽으로 틀어서 배치했다. 대문채의 가운데 칸에는 솟을대문을 두고 그 양쪽에는 헛간과 온돌방을 꾸며놓았다. 특히 솟을대문 기둥에서 밖으로 시작하는 돌

대문채의 아름다운 연가

사랑 마당의 표정

담장에 있는 문간채의 전면에는 여백의 공간이 약간 만들어졌다. 그로 인해 문간채의 상단에만 창문을 두는 다른 가옥과는 다르게 세살문에 널찍한 분합문分閤門을 둘 수가 있었다. 특히 문간채의 온돌방에서 나오는 굴뚝은 전통 옹기로 구웠으며 둥근 문어머리처럼 생긴 연가煙家가 돌담과 어울려 아름다운 한옥 풍경을 연출한다.

문간채의 서쪽에는 일반적으로 문간채에서 보이는 단칸방에 곳간과 부엌이 있는데, 그 옆으로 청지기방으로 배치하는 경우가 대부분이다. 이 집도 툇마루와 별도의 일각문을 갖추고 있는데, 외부에서 손님이 오면 문간채는 행랑行廊 역할을 하는 공간으로 사용한다. 더욱이 담장을 대문채에 맞추어 둘러서 사랑채와 별도의 공간이라는 느낌이 들도록 동쪽 편에 길게 연결한 배려가 돋보이는 배치를 하고 있다.

외암마을에서 가장 한옥과 관련된 전통적인 것은, 사람 눈높이 정도로 집안을 보일 듯 말 듯하게 쌓은 돌담을 꼽을 수 있다. 흙 하나 없이 크지도 작지도 않은 그 많은 돌들이 물 흐르듯 흐르는 'S'자형 곡선의 골목을 만들고, 한옥과 어울려 운치를 더욱 깊게 한다. 이 가옥의 문기둥과 연결된 돌담의 섬세함과 우아함, 그리고 그 아래 적당한 위치에 자란 향나무, 산수유나무, 매화나무, 감나무 등의 나무들이 있어야 할 곳에 있다는 느낌을 들게 한다.

대문채에 들어서면 좌우 담장 아래로 조성된 화단에 향나무와 꽃나무가 여러 그루 심어져 있어, 꽃이 피는 봄날에는 사랑 전체가 환하게 느껴진다. 사랑채는 잘 다듬은 석재로 댓돌을 두 줄로 설치한 고급 구조로, 2벌대 기단에 두 군데의 돌계단을 두었다. 다섯 칸 규모의 '一'자형 평면에 팔작지붕으로 넙적한 자연 돌을 주추로 했고 그 위에 방형 기둥을 세웠다. 사랑으로 오르는 계단의 기단 갑석 아래 암키와 두 장을 포개 만든 굴뚝이 이채롭다. 굴뚝이 높아야 한다는 고정관념에서 탈피한, 한옥의 실용성을 보여주는 사례다.

공간은 크게 왼쪽부터 작은 사랑방, 대청, 큰 사랑방, 뒤편의 부엌으로 구성되어 있다. 서쪽의 세 칸 앞에는 반 칸 너비의 툇마루를 두었고, 온돌방 앞에는 고방과 골방을 두었다. 온돌방은 머름대를 댄 창틀에 2분합二分閤 덧문으로 꾸몄고, 동편의 골방 앞으로는 툇마루를 생략하고 전면에 넉살무늬 4분합四分閤으로 꾸몄다. 대청 방향으로는 툇마루에서 출입할 수 있는 띠살무늬 2분합문을 설치하여 평소에 마루로 오르면 이곳으로 출입하도록 되어 있다. 사랑 대청에는 사분합 여닫이문을 달아서 더운 여름이나 대소사가 있는 날에는 처마 밑에 걸려 있는 등자쇠에 문을 걸어놓으면 넓은 공간으로 사용할 수 있게 했다. 이와 같이 한옥은 벽을 가변형으로 만들어 여러 용도로 쉽게 사용할 수 있

잘 다듬은 사랑채 기단과
계단 옆에 숨겨진 허튼 굴뚝

한옥 안마당의 포근한 분위기

대청에서 바라본 사랑채의 뒷모습

는 기능성을 지닌다. 이와 더불어 나무의 짜임새 가구 기법은 우리 전통 한옥의 뛰어남을 보여준다. 사랑 마당으로 들어가는 솟을대문을 비롯하여 대문 칸의 동쪽으로도 작은 일각문이 있으며, 사랑채의 시선을 받지 않고 직접 안채의 중문으로 연결되는 일각문이 있는 점이 특이하다. 이 일각문은 씨족마을인 마을의 특성을 보여주고 대문채와 방향이 다른 동떨어진 곳에 마을이나 밭으로 가는 길을 내서 안채로 출입하는 이들의 일거수일투족을 알려고 하지 않은 바깥주인의 심성을 느껴지게 한다. 이 집의 바깥주인이 자신의 일과 안주인의 일을 어느 정도는 분리해서 생각했다는 사실을 전통 한옥은 표현하고 있다. 이와 같이 전통 한옥은 누구에게나 거기에 살던 사람들의 마음을 생각해 보게끔 하는, 여운을 주는 매력이 있다.

안채는 서쪽 앞이 개방된, 한쪽이 튼 'ㅁ'자형으로 가운데 안마당을 두고 감싸 안은 모습이다. 안마당에는 안채로 가는 길에 넓은 판석을 깔아놓아 운치를 더했는데, 비나 눈이 와서 마당이 질어지면 요긴하게 사용할 수 있는 디딤돌을 깔아 놓았다. 이 디딤돌은 징검다리와 같아 어린 시절 마을 앞에 흐르는 개울을 마을 아이들과 줄 맞추어 껑충 껑충 뛰어 건너가던 추억을 떠올리게 한다. 'ㄱ'자형 안채에는 서편으로 대청과 연결된 두 칸 규모의 안방과 다락을 가진 부엌이 자리하고 있다. 안방과 윗방 사이에는 미닫이문을 달아 겨울에는 웃풍을 막고 여름에는 개방하여 시원하게 바람이 통하도록 꾸며져 있다. 안방의 앞에는 쪽마루를 두어 오르고 내리는 데 편리하도록 했다. 전면에 툇마루를 둔 안채 가운데는 띠살무늬 4분합문을 가진 대청마루가 있다. 안채가 남쪽을 향하고 있어서 뜨거운 여름 태양이 직접 방 안으로 내리쬐면 방이 더워지기 때문에 툇마루 방벽을 2분의 1 칸 정도 뒤로 물러 앉혀놓았다. 이러한 이유는 항상 처마 끝에 걸린 태양의 변화에 대응하여 쾌적한 실내 환경을 만들고자 했던 선조들의 지혜를 엿볼 수 있다. 동쪽 편으로는 중문을 포함한 곳간을 두고 있는데, 앞이나 뒤뜰의 처마 아래에는 맷돌과 작은 항아리 등 다양한 생활 도구가 가득하다. 조그만 세간도 소중히 보관한 주인 덕분에 살림살이가 잘 보존되어 옛 생활 방식을 엿볼 수 있게 해주는 전통가옥이다.

툇마루는 건넌방 동쪽 편까지 둘러 쳐져 있는데, 이러한 모습은 외암리 사대부집들 안채의 형태가 서로 닮아 있다. 건넌방 동쪽 편으로 띠살무늬 2분합문이 있어서 뒤뜰에 쉽게 드나들 수 있다. 후원과 돌담 아래에는 산수유, 매화, 봉숭아와 같은 나무나 식물들이 피어 있어서 건넌방에서 기거하는 자녀들의 정서 함양에 중요한 역할을 한다. 또한 태양과 바람이 막히는 것을 염려하여 한옥의 안마당에는 큰 나무를 심지 않고 꽃들을 심어 아기자기한 분위기를 연출했다. 이는 사랑 마당에 커다란 향나무나 단풍나무, 오동나무, 매화나무를 심는 것과는 사뭇 차이를 보인다. 이렇게 남자들의 공간은 그 공간대로 여자들과 자녀들이 있는 공간은 그 공간대로 아름답게 꾸미는 것이 전통 한옥에서 볼 수 있는 지혜요, 아름다운 안마당의 풍경이다.

이 가옥에서는 장독대를, 회벽으로 칠하고 둥근 강을 쌓고 기와 담으로 둘러친 담장에 두었다. 전라도에서는 이런 예를 쉽게 볼 수 있으나 충청도나 경상도에서는 좀처럼 보기 힘들다.

한편 뒤뜰로 나가보니 커다란 감나무가 있었다. 고향 마을에서 전통 한옥을 가보면 장독대 옆에는 으레 커다란 감나무가 호위하듯 서 있다. 늦가을 장독대에서는 맛있게 익어가는 장의 구수한 냄새가 피어오른다. 따뜻한 햇살에 달구어진 장독 뚜껑에는 홍시 몇 개가 올려져 있

양념을 소중히 다루던 안주인의 손길이 묻어 있는 장독대

다. 이것이 우리 전통 한옥 뒤뜰의 풍경이다. 감이 익어가는 가을이 오면 분주해지는 뒤뜰은 여인들의 안식처였다. 담 밖을 쉽사리 드나들지 못했던 사대부 아낙네들은 풍성하고 포근한 질그릇 옹기에 허전한 마음을 달랬을 것이다.

송화댁松禾宅과 교수댁教授宅

충남 아산시 송악면 외암리

5

● ● ●

외암마을의 가운데 길을 걷다가 느티나무를 지나서 건재고택建齋古宅의 아름다운 돌담길을 따라 올라가면 논이 나온다. 논을 끼고 돌담을 따라 설화산을 바라보며 걷다보면, 마을 동쪽의 개울로부터 마을로 접어드는 길과 만나는 곳에서 송화댁松禾宅이 보인다. 맞닿은 마을골목의 끝 지점에는 예안이씨 종가집의 사당이 자리한다. 종가집과 논을 사이에 두고 바로 아래에 있는 이 집은 마을 뒤쪽에 위치한다.

호지집의 초가지붕과 초가지붕인 대문채가 넓은 돌담으로 둘러싸여 있고, 초가지붕 위로 송림松林이 어우러진 특별한 광경이 시야에 들어온다. 대문채에 들어서면 넓은 대지에 낮은 둔덕을 이용해 꾸민 정원과, 사랑채와 안채인 살림채가 자리한다. 건재고택이나 교수댁처럼 정자를 갖춘 정원은 아니지만 언덕과 물의 흐름이 주는 자연미가 있고, 음양을 주제로 한 조선 후기의 반가 정원이 유명한 고택이다. 돌담장 안의 넓은 텃밭과 장독이 자리하고 있는데, 집을 가운데 두고 자연을 벗삼아 살고자하는 주인의 마음처럼 또다른 세상에 들어온 듯한 풍경

설화산과 닮은 초가지붕 위로 겨울이 찾아온 송화댁

이다. 이 가옥은 순조純祖 10년 식년시에 진사를 지낸 이사종의 9세손으로 호사 초은樵殷 이장현(李章鉉, 1779~1841)이 송화군수를 지냈기에 '송화댁'이라는 택호가 붙여졌다 한다.

집 앞에 서면 대문채가 왜 초가집으로 이루어졌는지 알고 싶어진다. 기와집의 본채와는 거리감이 느껴지기 때문이다. 눈 오는 날 사랑채에서 바라보는 솔가지 위에 쌓인 탐스런 함박눈과 초가지붕 위를 덮은 눈의 대조가 아름다워서가 아닐까? 아니면 자연 그대로의 정원에 인위적인 기와지붕보다는 인공을 가하지 않은 초가지붕이 주인에게는 절실했는지도 모른다. 눈 오는 날 초가지붕의 대문채는 설화산과 커다란 소나무 숲과 어울려 한적하고 고즈넉하기 이를 데 없다. 이렇듯 한옥

사랑에서 본 송화댁의 대문채

은 가장 자연적인 소재와 배경과 어울릴 때, 더더욱 아름답게 느껴지는 묘한 매력이 있다.

남서향의 대문간을 들어서면 커다란 소나무 사이로 양 갈래의 길을 둔 넓은 정원이 있고, 정원을 지나면 'ㄱ'자 모양의 사랑채와 안채가 안마당을 중심으로 배치되어 튼 'ㅁ'자 형태를 하고 있다. 안마당 동측에는 중문과 함께 아래채가 있고, 서측에는 곳간채가 배치되어 안마당을 감싸주고 있다. 안마당에는 커다란 소나무 한 그루가 한가운데 서 있다. 뒤뜰에는 장독대와 화단이 있고 동쪽과 서쪽으로는 넓은 공간이 사랑채 앞으로도 펼쳐 있다.

송화댁의 정원은 설화산 계곡물을 집 안에 끌어들여 정원을 갖춘 외암마을 사대부가들 중에서 가장 자연스런 멋을 지니고 있다. 이처럼

작은 수로 너머 보이는 팔작지붕의 송화댁 사랑채

인공적인 손길을 최대한 절제하여 만든 이 정원은 한옥과 잘 어울리는 한국 전통 정원의 대표적인 예 중 하나다. 이 가옥의 정원에 관해서는 너무나 많은 글과 사진이 전해오는데, 현재의 아산시에서 작성한 「아산 외암마을 보존 방안」 보고서가 송화댁 정원을 가장 잘 표현해 주고 있다.

이 가옥의 정원 앞뒤로 우거진 노송이 낮은 둔덕을 꾸미고, 대문채에서 숲과 둔덕의 소나무 샛길을 두 갈래로 나누어 하나는 사랑채 앞으로, 또 하나는 사랑채의 옆을 지나 안채로 향하고 있다. 정원에는 마을을 통과해 지나온 두 줄기의 계곡물이 자연스럽게 곡류를 이룬다. 양쪽에 낮은 둔덕과 자연석을 배치하고 중간 중간에 수로의 낙차落差를 만들어 물소리를 내도록 했다. 계곡은 다리 없이 살짝 걸음 폭을 크게

사랑채 동측의 모습

사랑과 중문채

물의 낙차를 두어 계곡물 소리를 듣는 곳

돌담장 아래로 설화산에서 흘러들어 오는 개울물

기품이 당당한 소나무가 지키는 안마당

하면 건널 수 있게 만들어놓았다. 이렇듯 집 안에서 깊은 산속의 한적하고 아름다운 별천지의 초단으로 들어가는 느낌을 주는데, 주인은 무릉도원을 꿈꾸면서 이 집을 꾸민 것 같다.

인공적으로 만든 가산假山은 그야말로 축소된 자연이다. 사랑 앞의 가산에는 의도적으로 배치한 정원석 중에 음陰과 양陽을 상징하기 위해 남근석과 여근석을 두어 철학적인 사상을 드러내면서 인위적이고도 자연스런 모습을 보여준다. 남근석과 여근석은 만물의 조화를 의미하며 생활의 편안함과 자손의 번영을 바라는 집주인의 염원을 상징적으로 드러낸다. 우주의 섭리를 자연 경관을 통해 조형적으로 표현하고자 하는 집주인의 깊은 뜻이 담긴 정원이다. 그러나 지금은 여근석은 사라지고 남근석만이 외롭게 남아 이 집 주인의 마음을 헤아리고 있다.

단촐한 송화댁의 안채

정면 네 칸의 사랑채는 막돌 허튼층으로 쌓은 기단 위에 덤벙주초로 했다. 기둥을 방주로 세운 정면은 기둥 간격을 넓게 하고, 측면과 후면 세 자 폭으로 기둥 간격을 만들었다. 사랑채에는 가운데에 사랑방을 두고 그 좌우에 한 칸 크기의 작은 마루방을 하나씩 두었다. 양 측면에 마루방을 두고 하나(서측방)는 정면에, 다른 하나(동측방)는 후면에 작은 방을 하나씩 두어, 결국 'ㄴ'자형 평면이 되었다. 사랑채의 큰 사랑방을 가운데에 두어 뒷문을 열면 안채가 직접 보이는데, 안채가 직접 보이지 않으면서 시원하게 바람을 통하도록 하기 위해 사랑 굴뚝을 두었다. 이 굴뚝은 문을 열면 시선을 차단하는 기능을 하는 한편, 기와로 정성껏 쌓은 조형물로 사랑채의 정감 있는 분위기를 더해주는 역할도 한다. 그 좌우에 둔 작은 방과 마루는 정원과 마주하고 있어서 사랑채에

칸 반 크기의 대청 모양이 특이한 안채의 대청마루

앉아 문을 열면 바로 정원의 계류溪流와 수석壽石 들이 눈앞에 펼쳐진다. 건축과 자연이 한 공간에서 어우러지는 것이다. 동쪽의 사랑 툇마루에 앉아 북쪽에서 흘러들어 오는 계곡물과 봄에는 노란 산수유가 지천으로 꽃을 피운 정원을 함께 감상하며 운치를 즐길 수 있다.

사랑채의 오른쪽으로 돌아서 들어가는 중문과, 사랑채 왼쪽 처마 밑에 내어진 홍살을 꾸민 월문月門을 통해 안마당으로 들어갈 수 있도록 되어 있다. 이 월문은 저녁나절 중문을 닫은 이후에 사용하는 문이다. 안마당에는 신발에 흙이 묻지 않도록 주요 통행로에 디딤돌을 엇비스

후원에서 본 안채와 곳간채

듬히 놓아 사람이 걷기에 편하게 깔아놓았다. 안채 부엌과 사랑방을 연결하는 디딤돌 길이 가장 크고 넓적한 것으로 보아 사용이 빈번했음을 짐작하게 한다.

사랑채 동측으로 돌아가면 중문채가 있다. 세 칸 크기의 중문채는 맞배지붕으로 사랑채와 조금 떨어져 쪽담을 두었다. 그중 한 칸은 중문이고, 두 칸은 방과 창고로 사용하고 있다. 사랑채 서측에 나란히 자리 잡은 곳간채는 세 칸으로 초가지붕 건물이다. 안채는 'ㄱ'자 평면으로 자연석을 적당히 가공한 2벌대의 기단 위에 덤벙 주초를 놓고 방주를 세웠다. 안대청은 5량 집 구조이며, 부엌 부분은 3량 구조로 되어 있다.

본채에는 가운데에 대청을, 서측에 안방을, 동측에 건넌방을 두었다. 서쪽으로 내민 날개채는 부엌으로, 안방에 붙어 있다. 안채 대청은 한 칸 반의 크기로 특별한 의도가 있었는지, 보기 드문 구성을 보여준다. 이 가옥은 반 칸 크기의 공간이 사랑과 안채에서 모두 나타는데, 한옥 공간의 신축성을 보여준다. 건넌방은 한 칸 반의 크기이며 대청에서 외닫이 띠살 무늬 출입문으로 드나들도록 하고, 전면에는 이분합 덧문 앞에 누마루를 만들어두었다. 마루 하부에는 함실아궁이를 두어 건넌방의 부엌으로 사용하고 있다. 누마루에는 '아亞'자 문양의 난간을 만들어 섬세함을 느끼게 한다.

대청마루의 뒤편에 붙은 바라지창 너머로 후원의 장독대가 다소곳이 꾸며져 있으며, 넓은 후원의 돌담 아래에는 온갖 아름다운 꽃들이 담장을 배경으로 소담지게 피어나고 있다. 바라지창은 판문이 아닌 방문과 같이 창호지를 바른 띠살무늬 덧문으로 되어 있어, 후원에서 보면 방문으로 착각하게 만든다. 한 칸 규모의 건넌방은 동쪽으로 쪽마루를 달아 신을 벗고 나가기 편리하도록 했고 건넌방은 '용用'자형 미닫이문에 덧문을 꾸며놓았다. 방문을 열면 아래채의 측면 문이 상하의 인방에 아름답게 꾸며져 있는 모습을 볼 수 있다. 부엌 후원 쪽으로 우물이 있어 부엌에서 사용하기 편리하게 했고, 안채의 유일한 초가집인 곳간채는 기와집과 어울려 풍요로운 농가의 정취를 느끼게 한다.

우리가 쉽게 볼 수 있는 안채의 정원과는 사뭇 다르게 송화댁에는 정원이 없지만 풍성한 소나무가 안마당을 가득 메우고 있다. 이는 사랑채 앞에 꾸며진 송림과 어울려 자연 속에서 살고자 하는 주인의 마음을 정

외암마을의 돌담과 싸리담

교수댁의 일각 대문과
옛 사랑채 주춧돌

교수댁의 정자와 연지

감 있게 드러낸다. 우리 민족이 가장 사랑하는 나무는 소나무라고 하는데, 그런 소나무를 마음껏 보고 가슴으로 품으며 사는 주인이 부러울 따름이다. 대청마루에 앉아 사랑채를 바라보면 스스로 자연 속에서 안빈낙도安貧樂道하는 듯한 기분이 든다.

마을의 서쪽 길을 따라 올라가다 골목길 끝에서 우측으로 돌아서면 교수댁이라 부르는 집이 나타난다. 이사종의 13세손인 이용구가 경학으로 성균관 교수를 지냈다고 하여 이름 붙은 집이다. 예전에는 사랑채는 물론 안채에 연못까지 갖춘 큰 규모의 집이었던 것 같다. 그러나 지금은 사랑채는 사라지고 사랑채가 있던 곳 앞이 돌담장으로 꾸며지

반송과 어울린 교수댁의 안채

는 등 규모와 주변 풍경이 모두 변했다. 사랑채가 없어지기는 했지만 이 집도 마을의 다른 집처럼 앞쪽에 '一'자 모양의 사랑채를 두고 뒤쪽에는 'ㄱ'자 모양의 안채를 배치한 튼 'ㅁ'자 형의 구조로 보아야 한다.

교수댁은 외암마을의 다른 집들과 다르게 수석과 같이 자연을 닮은 돌들로 정원을 꾸미지 않았다. 그 대신 절에서 사용했던 것으로 보이는 부도浮屠 및 연자방아 주춧돌, 맷돌 등의 석재들을 진열한 것이 특징이다. 일각 대문과 옛 사랑채에서 사용하던 주춧돌을 집 앞에 나란히 놓아 이 집의 위용을 뽐내려는 듯하다. 너무나 잘생기고 듬직한 사다리꼴 주춧돌과 장대석이 조화를 이루어 나름대로 개성 만점의 분위기

교수댁 안채 한 켠에 있는 단칸의 고졸한 사당

를 느끼게 한다. 대문에 들어서면 부도비와 수십 개의 손때 묻은 맷돌을 탑 모양으로 쌓아 만든 탑형 맷돌 군이 둥근 맷돌의 멋을 한껏 느끼게 한다.

이 집은 'ㄱ'자형 안채와 오른쪽인 동쪽 편에 한 칸 크기의 맞배지붕 사당을 두고 있다. 안채 동쪽으로는 연못 옆에 정자를 만들고 방형 연못 주위에는 꽃과 과일나무를 심어놓아, 자연을 벗하면서 호연지기浩然之氣를 키우던 옛 주인의 모습을 생각하게 한다. 안채는 3벌대 기단 위에 자연석 덤벙 주춧돌을 이용하고 네모난 방주로 기둥을 세운 팔작지붕의 기와집이다. 안채는 대청마루를 포함하여 건넌방과 전면 다섯 칸 반, 측면 한 칸 반의 크기로 동쪽 편에 다락형 방을 두고 그 아래에 살창을 둔 부엌을 만들어 건넌방으로 난방을 하는 구조로 되어 있다. 아궁이실 4분합 띠살무늬 창문의 약간 작은 듯한 특이한 모습이 살창과 어울려 한옥의 운치를 표현하고자 하는 도편수의 나무 다루는 솜씨를 엿보게 해준다. 남쪽으로 내민 서측 편에 세 칸의 기둥 사이 가운데에는 한 칸의 외닫이 문을 꾸미고, 좌우는 2분합문으로 마루 없이 출입하기 위한 문을 두고 있다. 궁창을 꾸민 넌출문으로 약간은 경직된 모습인데, 절제된 양반의 모습을 건물로 표현하고자 하는 의도에서 그렇게 만들었을 것으로 보인다. 안마당에는 잘생긴 반송盤松과 연자방아가 놓였고, 그 옆에는 커다란 바위산을 닮은 조경석이 집 안의 운치를 더해준다. 더욱이 약간 높은 기단 위에 놓인 장독대를 배경으로 감나무와 돌담이 어우러지는 멋은 이 가옥의 아름다움을 더해준다.

이 밖에도 외암마을에는 많은 고택이 자리하고 있다. 또한 다양한 집 구조 사례를 한꺼번에 볼 수 있는 전통 가옥 전시관에서 한옥에 대한 여러 가지 체험을 할 수 있다. 최근 마을 입구에 지은 전통 가옥 전

누다락방 아래로 살창을 꾸며 만든 부엌

돌 축대와 어울린
아기자기한 옹기들

아름다운 화단과 함께
하는 초가지붕 측간

종가집 문을 호위하는
아름다운 꽃들

교수댁 사랑의 댓돌과 현수선의 미

마을 골목 끝에 있는 예안이씨 종가의 사당

김치광의 정겨운 겨울 풍경

시관에는 사대부집의 상류, 중류, 서민 주택 모델을 재현해 놓아 한옥을 이해하는 데 큰 도움을 준다. 더욱이 집 안에서 사용하던 살림살이뿐만 아니라 실제로 닭 등을 사육하여, 생생한 현장감으로 우리들에게 가까이 다가서고 있다.

외암마을은 옛사람들의 생활상을 쉽게 찾아볼 수 있는 민속마을이요, 그 숨결이 현재에도 이어지는 전통적인 마을이다. 어느 집 안방에서는 오래된 바가지에 한지를 덮고 한지로 만든 끈을 매어 벽 모서리에 성주 단지를 모시는 모습을 볼 수 있다. 또한 정돈된 아궁이 곁 한쪽에 정안수를 놓고 하루를 시작하는, 조왕신竈王神을 모신 농가의 모습도

초가지붕 고드름의 서정적 아름다움

쉽게 발견할 수 있다. 겨울이면 눈 속을 헤집고 김치를 꺼내기 힘든 점을 해결하기 위해 만든, 짚으로 엮은 김치광의 모습도 볼 수 있다. 농사가 끝난 한겨울에 김치광에서 약간 살얼음이 낀 김치를 꺼내 아궁이에서 갓 구운 고구마에 싸서 먹는 생각만 해도 입 안에 침이 가득 고여 온다. 이것이 우리 조상들의 삶에서 느끼는 정겨움이고, 고향에서 느끼는 한옥의 참 멋일 것이다.

돌담길을 따라 마을 안쪽으로 접어들어 가다 보면, 초가집 추녀에 메주가 매달려 있고 지금은 용도를 잊어버린 재래식 쟁기 등이 남아 있다. 이들은 지나간 세월의 무심함을 느끼게 해주면서 그 흔적을 고스

집을 지켜주는 신을 모신 성주단지

란히 보여준다. 더욱이 돌담에 낀 이끼는 오랜 세월동안 지나쳐간 많은 사람들과 그들의 삶에 대해 말해주는 듯하다. 그리고 봄의 전령처럼 꽃망울을 터뜨리는 노란 산수유가 외암마을을 찾아온 손님들을 반기는 듯하다. 외암마을에는 아직도 곳곳에 밭이며 논들이 고스란히 남아 있다. 창문만 열면 보이는 논과 밭은 이곳 사람들의 일터이자 삶의 터전이다. 봄이 오는 길목에서 바라보는 마을 풍경은 발걸음이 그냥 지나치도록 내버려두지 않는다. 눈 돌리는 곳마다 한옥의 아름다움이 있고 전통 생활의 향기가 물씬 풍겨온다. 지나치게 익숙해진 문명의 편안함과 물질적인 행복에 회의를 느끼게 하고, 한 번쯤은 이런 곳에서 살아보고 싶다고 생각하게끔 만드는 마을이 바로 외암마을이다.

아산牙山 건재고택建齋古宅

중요민속자료 제233호 | 충남 아산시 송악면 외암리 196

6

설화산 아래에 자리한 외암리마을의 가운데로 난 골목길을 따라 올라가다 보면 커다란 느티나무가 보인다. 나무 아래서 조금 올라가다 서쪽으로 돌면 이 마을에서 흔히 보이는 돌담이 아닌, 회벽담에 돌을 쌓고 기와를 올린 높고 듬직한 기와담이 거대한 노송과 어우러진 담장이 나온다. 솟을대문 앞에는 커다란 은행나무가 집안의 역사를 뽐내듯 당당하게 서 있다. 집 안 연지에서 흘러나온 계곡물이 은행나무 앞을 지나 태연하게 다음 집으로 흘러가는 모습도 보인다. 가을이면 은행나무 아래에 놓인 평상을 노란 은행잎이 온통 뒤덮는다. 사람들은 그 모습에 자연스레 가을 속으로 빨려 들어간다.

중요민속자료 제233호인 이 집을 영암집이라고도 부르는 건 이 집을 지은 건재建齋 이상익(李相翼, 1848~1897)이 영암군수靈岩郡守를 지냈기 때문이다. 이곳에서 조선 숙종 때의 문신인 이간(李柬, 1677~1727)이 태어났다.

건재고택의 규모를 살펴보자. 대문 밖 서편으로 마구간과 온돌방이 하나 있는 '一'자형 초가집이 있고, 문간채, 사랑채, 안채로 구성되어 있

건재고택의 담장 길

다. 이 건물은 오른쪽에 나뭇광을 두고, 왼쪽으로 곳간채와 안채를 두었다. 뒤편 동쪽에는 사당을 두었다. 안채는 'ㄱ'자형 집으로, 마주하여 튼'ㅁ'자형을 이루고 있다. 사랑채 앞의 넓은 마당은 기암괴석과 수백 년은 족히 되어 보이는 소나무, 오래된 석탑 등과 연못, 정자 등으로 꾸며놓았다.

대문채 서편의 부속채는 은행나무와 함께 넓은 앞마당을 차지하고 있다. 길고 납작한 자연석을 기단으로 꾸민 문간채는 가운데 솟을대문을 두고 좌우로는 행랑채를 꾸며 놓았다. 외부에서 보이는 대문채는 화재로부터 가옥을 안전하게 보호하고, 안전을 도모하기 위해 방의 외벽 부분까지 돌과 생석회로 쌓은 화방벽으로 꾸몄다. 화방벽의 상부에

안채 중문에서 바라 본 전경

는 환기와 채광을 위한 조그맣고 앙증스런 이분합 창문을 만들어 놓았다. 안쪽으로 대문채를 보면, 추녀 밑에 쪽마루를 만들어 신을 벗고 마루를 통해 방으로 들어갈 수 있다. 이 문간채는 사랑방 손님이 오면 사용하도록 방을 많이 두고 있어 행랑의 역할도 담당한 것으로 보인다.

전통 가옥에서 마당은 '지붕 없는 실내 공간'으로 사용하는 것이 특징이다. 그런데 이 집은 구한말 시절 집 주인이 일본을 다니면서 일본 정원에 심취되었다고 한다. 그래서 마당 전체에는 전통적인 우리나라 소재인 소나무 은행나무 감나무 등을 심었고, 부분적으로는 일본 정원 기법을 사용해 한국과 일본의 조경 기법이 섞인 정원이 탄생했다.

이곳에서는 설화산 계곡에서 흐르는 계곡물의 일부가 동쪽 담장으

대문 앞의 호지집

로 흘러들어와 안채의 연못물과 합해져 사랑채 마당에 꾸며진 연못으로 흐르는 아름다운 모습도 볼 수 있다. 외암리의 다른 집들도 계곡물을 이용한 연못을 갖추고 있지만, 건재 고택은 별도의 담 아래 우물도 샘솟고 있다. 눈여겨볼 것은, 모든 계곡물이 동쪽에서 들어와 서쪽으로 빠져나가는 모습이다. 계곡물이 집에 들어오고, 사랑채 동쪽에 정자와 연지가 배치되는 것은 마을의 지형적인 특징도 있겠지만, 풍수지리에 입각한 모습으로 봐야 할 것 같다. 이러하듯 한옥은 인간과 자연의 조화에서 이상적인 공간이 탄생되는 것 같다.

이 집의 원래 모습에 대해 집 주인이 전하는 바에 의하면, 연못 자리에는 원래 별당이 있었다고 한다. 또 정원에 있는 두 동의 정자는 초가였는데 한 동을 기와지붕으로 개조했다고 전한다. 이 아름다운 정원에 대해서는 가훈으로 내려오는 이야기로 이준경의 종조모가 뒤뜰 별당 자리에서 용꿈을 꾸고 연못을 조성해 4형제를 득남했다고 해서 지금까

문간채의 쪽마루와 섬돌

지 이 집의 자랑거리로 전해지고 있다.

사랑채의 기단은 크고 작은, 장방형에 가까운 자연석을 가공하지 않고 그대로 만든 축대로 막돌 허튼층쌓기 기법을 사용했다. 각본 없이 조립된 모습이 마치 추상화를 보는 듯하다. 3벌대의 듬직한 계단은 중앙에 하나를 사용하고 있으며, 안채로 가는 측면으로 나머지를 두고 있다. 동쪽으로 난 계단은 정원으로 오르내리기 쉽도록 만들어져 기능적으로 훌륭하다. 기단 위에는 자연석을 주춧돌로 놓았고, 각기둥 방주 위는 공포 없이 납도리 가구 구조로 만든 팔작지붕 형태이다.

사랑채 당호인 '설산장雪山莊' 편액에 쓰인 멋진 글씨체가 기둥 사이마다 걸려 있다. 기둥에는 교훈적인 글씨들이 많이 쓰여 있어 서예 전시회를 방불케 한다. 이를 보고 해석하는 것 또한 전통 한옥 마루에서

대문에서 안채로 가는 디딤돌

느낄 수 있는 묘미다.

사랑채는 두 칸의 큰 사랑방을 중심으로 서쪽에는 누마루를, 동쪽에는 대청을 두고, 앞과 뒤로는 툇마루와 쪽마루를 꾸며 놓았다. 특히 큰사랑 부엌은 건물 중간을 가로지르는 부재인 중인방 상부를 벽으로 처리했다. 하부에서는 단을 낮춰, 기어서 부엌에 들어가게 했다. 아궁이가 낮을수록 연기가 잘 빠져나가는 온돌 고래의 특성상 부엌 바닥을 낮게 만들어 놓았다. 그 옆으로 넓적한 통나무 디딤을 만들고, 온돌방의 벽감을 살짝 줄여서 큰사랑으로 들어가는 문을 두었다. 출입문에서 나오는 바깥주인의 발만 겨우 보일 정도로 바닥을 낮게 한 이유는 안채로 드나드는 문이 사랑채의 대청과 마주하기 때문이다. 이 문은 더욱이 다소곳하게 사랑채와는 연결되면서 시각적인 차단을 의도적으로 시도해 조선시

작은사랑의 전면

사랑 모서리의 판벽

사랑마당과 사랑의 고풍스런 풍경

대 남녀유별의 분위기를 나타내는 흥미 있는 부분이다. 이러한 모티브는 한옥에서만 볼 수 있는 매력의 하나다. 한편, 큰사랑채는 안채와 연결하는 출입문으로 띠살무늬 외닫이 출입문을 두었다. 격자무늬 광창을 안채 방향으로 상부에 만들어, 큰사랑의 다락에 햇살을 담아주었다.

이 가옥에는 이색적인 굴뚝이 있어 흥미롭다. 그 중 하나가 형태를 살펴보면 벽돌로 네모나게 쌓아 올린 후 오지굴뚝을 위에 올려놓는 것으로 안채의 안방과 건넌방 굴뚝이다. 중문을 지나 안채로 들면 사랑채로 드나드는 손님들이나 사랑채 하인들이 안채를 직접 볼 수 없도록 'ㄱ'자형 사잇담을 두고 있는데 이 담장 위로 연가가 있다. 이 연가의 굴뚝이 중문채에서 나오는 굴뚝이다. 작은 굴뚝이 기단 사이에서 나오

호위병처럼 마주 선 수석과 사랑채인 건재장의 모습

는 게 아니라, 허튼 굴뚝이 사랑채 앞에 인공적으로 조성된 작은 둔덕 아래 망새기와에 덮여 있어 흥미롭다. 일반적으로 불을 잘 빼내기 위해 굴뚝을 높이 올리기 마련인데 이곳 굴뚝은 연기가 땅바닥에서 나오게 되어 있어 너무나 신기하다. 아궁이에 장작을 지펴 낮게 마련된 굴뚝으로 연기가 나올 때 사랑채 마루에 앉아 정원을 바라보면서 이 굴뚝을 설치한 주인의 특별한 의도를 목수는 알고 있었는지 모른다. 작은사랑에서 불을 때면 연기는 안채로 들어가는 길로 향한다. 아래로는 연기가 깔리고 위로는 아름다운 정원의 나무들이 구름 위로 떠 있는 모습이 된다. 반대로 정원의 정자에서 사랑채를 바라보면 마치 구름 위

작은사랑(설산장)의 툇마루에 걸린 주련들

에 떠 있는 기와집처럼 보인다.

사랑마당의 동쪽은 설화산에서 흘러내려 조성된 작은 폭포와 연지가 있는 물의 정원이다. 서쪽은 정자와 수석을 나무와 함께 조화롭게 배치한 나무와 수석의 정원이다. 이곳의 정원을 거닐다 보면 신선의 세계에 들어온 듯한 착각을 하게 된다. 정말 아름다운 정원이다.

사랑채는 담장의 강돌을 양회로 고정한 토석담을 사용했고, 안채는

계류로 조성한 연못에 비친 사랑채

담장과 조화를 이루며 서로의 자리를 양보한 나무들

돌로만 쌓은 돌담으로 이루어져 있다. 그리고 담장 밖 대문채 서편으로 두 채의 호지집이 초가삼간 크기로 서 있다. 한 채는 사랑채 협문으로 드나들기 가깝고, 다른 한 채는 별도의 담장 구획 안에 있는데, 안채의 부엌 쪽으로 난 협문 가까이에 자리하고 있다. 안채의 부엌 쪽으로 난 집은 안채의 집안일을 돌보던 호지집이고, 사랑채 협문으로 난 집은 사랑채의 일을 돌보던 호지집으로 보인다.

안채에서 동쪽을 바라보고 마련된 중문채로 들어서면 전면에 아래채가 보인다. 들어가는 오른쪽에 사이 담을 만들어 안채가 직접 보이지 않도록 한 배려도 잊지 않았다. 사이 담장 중앙에는 기와로 한 단 올린 연가가 마련되어 있는데, 담장 속을 굴뚝으로 만들고 연기를 내보내는 기술이 감탄스럽기만 하다. 아래채 아궁이에서 멀리 떨어진 담장에 연가를 만든 이유가 무엇일까? 하얀 연기가 하늘로 솟을 때 안채에서 바라본 사랑채는 어떤 모습일지 사뭇 기대가 된다. 검은색의 한옥 담장과 기와가 아니고는 흰색 연기와 어울리지 않았을 것이다. 사이 담을 지나 오른쪽으로 돌면 널찍한 안마당에 후원으로 탁 트인 개방적인 공간이 나타난다. 지형적으로 남부지방 주택에서 주로 나타나는 개방적인 안채가 중부지방에서도 나타난다니 재밌다. 이 집이 그만큼 양지바르단 뜻이리라. 북풍을 막아주는 높은 산인 설화산 덕택인지도 모르겠다.

안채는 가운데 두 칸의 대청마루와 윗방, 안방이 대청 서편으로 있으며, 그 앞으로는 상부에 다락을 둔 두 칸의 부엌이 있다. 아궁이 옆으로는 살창으로 통풍과 채광을 하도록 만들었고, 상부에는 자그마한 띠살무늬 살창에 한지를 바른 네 쪽짜리 창문을 두었다. 안방은 두 칸인데 한 칸은 궁창을 둔 4분합문을 두어 여름에는 개방할 수 있게 했고, 다른 한 칸은 머름을 갖춘 2분합문을 설치해 미닫이문을 달았다. 윗방

아름다운 수석이 나열된 돌계단

은 벽에 미닫이를 설치하여 필요에 따라서는 안방과 한 공간으로 사용할 수 있게 했다. 윗방 역시 안방과 동일한 사분합문을 꾸몄는데, 윗방의 아래는 문지방을 높여 동일한 형태의 두 문이 있더라도 각각의 개성과 어울림을 느끼도록 꾸며져 있다.

안채는 커다란 자연석을 막돌 허튼층쌓기로 한 줄 내지 두 줄 쌓은 기단 위에 기둥의 크기보다 훨씬 크게 느껴지는 주춧돌과 디딤돌을 두어 중후한 느낌이 든다. 시원한 방주 기둥과 5량으로 가구를 만들었고, 마루대공은 여러 판재를 사다리꼴로 조립한 판대공으로 중보 위를 꾸몄다. 대청 선반에는 세월의 손때가 묻은 생활도구들이 가지런히 놓여

고즈넉한 안채로 들어가는 중문

있고, 그 아래 모서리에는 괴목나무로 만든 뒤주가 놓여 있다. 지금은 그 누구도 생활도구로 사용하는 시절은 아니지만, 손때 묻은 생활도구를 보면서 안주인의 숨결과 온기를 느껴본다.

추운 지방에서는 머름을 드린 문얼굴에 통 널이나 널을 이어서 만든 문짝을 달아 대청나무 바라지창을 만들었는데 건재 고택의 경우에는 한지를 바른 띠살무늬 3단 살창으로 바라지창을 꾸미고, 단환 고리를 문틀에 고정하였다. 이 바라지창을 활짝 열어 기둥 문고리에 걸어 두면 기둥 옆 여백의 폭과 창문 폭이 딱 맞아 떨어져 바람이 불어도 덜컹거리지 않는다. 선조들의 지혜와 뛰어난 과학 기술이 놀랍기만 하다.

널찍한 안마당과 소박하면서 균형감 있는 안채

난간을 갖춘 건넌방 누마루

안채 윗방의 사분합문

안채 마루의 대공과 보

안채의 기둥에도 많은 글들이 주련으로 걸려 있어 사랑채와 같은 운치 있는 분위기가 흐른다. 안채와 사랑채 사이에는 공간이 매우 넓어 건물 배치가 시원스럽다. 그로 인하여 안채에서 동쪽 담장 아래 우물가가 직접 보일 정도로 시원한 공간구성이 일품이다. 동쪽 뜰과 담장 아래에는 수많은 종류의 꽃과 나무를 심어 자연의 아름다움을 맘껏 감상할 수 있다. 대청마루에 앉아 안마당 쪽을 바라보면 중문으로 들어오는 길을 안내하는 사이 담과 그 아래에 꾸며진 정원, 그리고 큰사랑방의 부엌이 연장선상에 있어 사랑채와 단절된 느낌이 들지 않도록 배

부엌 앞의 잘 생긴 맷돌과 우물

려한 주인의 지혜가 돋보인다.

건넌방 앞쪽은 2층 구조의 머름대를 대어 반 칸 크기의 높은 툇마루를 만들었고, 난간에는 네 개의 동자주를 세웠다. 하부에는 무쇠 솥을 하나 올려놓은 아궁이를 두어 건넌방에서 사용하게 했다. 뒤편 후원에 돌을 쌓아 굴뚝을 만들고 상부에 옹기 굴뚝을 하나 올려놓아 질박한 운치를 더해준다.

안채는 이 밖에도 동쪽에 곳간채를 두고, 위쪽에 가묘인 사당이 자리하고 있다. 사당은 북동쪽의 단이 높은 곳에 자리하고 있는데, 맞배지붕에 방풍판을 옆에 댄 모양의 한 칸짜리 크기의 건물이다. 사당은 앞 뒤 반 칸을 나누어 앞쪽은 마루를 두고 뒤쪽은 가묘로 꾸며져 있다.

서쪽으로는 'ㄱ'자 집인 아래채를 두고, 안채 부엌의 서쪽으로 장독

방풍판을 단 사당 앞 풍경

대를 두었다. 장독대에는 많은 옹기들이 있는데 뒷줄에는 큰 항아리들이 앞으로 나올수록 점차적으로 작은 옹기가 잘 정돈되어 있다. 잘 정돈 된 장독대를 보면서, 깔끔한 안주인의 살림 솜씨가 느껴진다.

사랑채와 안채 서편에 두 채의 호지집이 있다. 집 주인이 가장 믿는 하인을 결혼시켜 가족과 함께 살게 하던 집으로 특별한 일이나 급한 일이 생겼을 때 빠르게 도움을 받을 수 있도록 협문 옆에 가깝게 자리하는 방식은 상류층 기옥에서 흔히 볼 수 있는 주거 형태다.

설화산雪華山을 배산으로 산세의 지형에 따라 남서향으로 자리한 건재고택. 설화산 계곡에서 흐르는 맑은 물이 북쪽 담장 아래로 흘러들어와 우물가 물과 합류해서, 사랑 담장 아래로 흘러 신선이 노닐 듯 아름다운 정원 연못에 다다른다. 연못에 다다른 계곡의 맑은 물은 정자

계류와 우물물이 만나는 건재고택 안채 옆의 샘물

에 앉은 주인에게 자신을 마음껏 보여준 후, 앙증맞은 인공 폭포를 지나 사랑 바깥마당 담장 아래를 지나 은행나무 평상으로 흘러간다. 이 마을 상류 주택들은 이처럼 물을 유입해 연못을 조성하고 화재에 대비했다. 한옥이 화재에 약한 것을 알고 대비책으로 물을 항상 가까이 있게 함으로서 화재예방까지 염두에 둔 조상들의 지혜에 감탄 또 감탄할 뿐이다. 이와같이 이댁은 세월의 정체된 아름다움을 인간의 삶과 자연의 이치가 한데 어우러진, 가장 한국적인 단아함을 보여준다.

아산牙山 맹씨행단孟氏杏壇

사적 제109호 | 충남 아산시 배방읍 중리 300

7

• • •

맹씨행단은 광덕으로 가는 길가의 중리 마을 중간에 있다. 이 마을은 설화산 주봉이 북동 방향으로 이어져 내려오다 양지 바른 들판을 감싸 안은 지형에 생겨났다. 이 마을은 몇 채의 한옥들이 남아 있고 신창 맹씨들이 중심이 되어 살고 있는 마을이다. 또한 중리 초등학교 옆에는 맹사성 선생부터 이어져 내려오는 집안의 공덕비가 비각 안에 잘 모셔져 있다. 이 길을 따라 맹씨 집안에 들어가려면 설화산에서 흘러내리는 물이 흐르는 다리를 넘어야 한다.

집 앞에는 커다란 회화나무와 거대한 향나무가 서 있어 오랜 세월, 이 터전에 자리잡고 있었음을 알려준다. 대문은 약간 높은 대지 위에 있어 계단을 올라가야 되는데, 좌우에 2단의 화계를 만들어 향나무와 다양한 꽃을 심어놓았다. 봄과 여름에는 여러 종류의 꽃들이 아름답게 피어나면 바깥마당이 온통 꽃의 군무가 시작된다. 대문채의 규모는 다섯 칸으로, 좌우 반 칸 크기의 창고와 아궁이를 두었다. 대문채는 행단으로 올라가는 방향에 두 칸의 방을 두었고, 우측에는 빈지널을 이용한 곡식창고와 창고가 있다. 대문채에 굴뚝이 따로 없고, 화방벽 중간쯤

용트림하는 듯한 느티나무가 인상적인 대문에서 본 바깥마당

높이에 암키와 한 장 크기로 구멍을 내어둔 것이 흥미롭다. 자세히 관찰하지 않으면 찾을 수 없도록 되어 있다. 문을 들어서면 정면으로 안채가 나타나는데 맹사성 선생의 21대손이 기거하고 있다. 오른쪽으로 맹씨 행단과 고택으로 들어가는 계단이 있다.

안채와 사랑채 사이에는 높은 단이 형성되어 있어 사랑채에서 안채를 바라보면 지붕만 겨우 보인다. 이 집은 외곽 담장만 있고, 안채와는 대문 없이 단의 차이로만 구분 지었다. 이것이 맹사성 선생의 청백리다운 공간 구성 방법이 아닌가 한다.

오른쪽으로 난 계단을 올라가면 사랑채가 조금씩 모습을 드러낸다. 끝까지 올라가니 우측에 아름드리 큰 은행나무 두 그루가 먼저 시선을 잡아끈다. 이 나무는 지금으로부터 600여 년 전에 고불 맹사성 선생이

황희정승과 맹사성 정승을 의미한다는 두 그루의 은행나무와 행단

맹씨행단 전경

한옥에서 가장 오래된 양식의 대청마루와 툇마루의 창호

심은 것으로 알려져 있다.

이 집에 대한 역사를 소개하는 문화재청과 문중의 말을 들어보자. 이 집은 원래 최영(崔瑩, 1316~1388) 장군이 충청도 도순문사의 휘하에서 왜구를 무찔러 전공을 세우던 때에 살던 집이었다고 한다. 그 후에도 최영 장군은 공민왕 때 조일신의 난, 흥왕사행궁의 변란 등을 평정하고 홍건족의 침입을 격퇴시켰는가 하면, 고려 우왕 2년에는 왜구까지 무찔렀다 한다. 공을 인정받은 최영 장군은 철원부원군과 수문하시중으로 임명되면서 개성으로 이사를 하게 되었고, 그는 이 집을 손주사위인 맹희도(孟希道, 맹사성의 부친)에게 물려주었다. 그때부터 이 집은 신창 맹씨의 집이 되었다 한다.

맹사성은 고려 우왕 때 문과에 장원급제하면서 벼슬길에 올랐다. 호

가운데를 출입문으로 하는 넉살무늬 문

대청마루에 비치는 창살의 멋

는 고불古佛, 시효는 문정文貞, 본관은 신창新昌이며 고려 전교부령典敎副令을 지낸 맹희도의 아들이다. 대사헌으로 일할 때 평양군 조대림을 신문하다가 태종의 노여움을 사서 죽임을 당할 뻔한 적도 있다. 청렴하면서도 강직한 선비정신을 높이 평가한 세종대왕이 그를 우의정에 앉혔다.

이 집 마당가에는 당시 맹사성이 단壇을 만들어 공부했다는 은행나무 두 그루가 우뚝 서 있어 고택과 함께 흘러간 긴 세월을 반증해 준다.

등자쇠에 걸려 있는 분합문

솟을 합장의 복화반 양식 마루대공

종도리 동자주의 화두아 측면

툇마루 기둥공포와 등자쇠

원기둥과 정교하게 만난 문설주

'맹씨행단'이라고 부르게 된 이유는 공자가 은행나무 위에서 가르쳤다는 얘기에서 나온 말로, 학문을 닦는 곳을 행단이라 했다.

대문채에 들어서면 먼저 장독대가 우리를 반긴다. 비교적 많은 장독들이 질서 정연하게 조로록 서 있다. 옹기장이의 시원한 손놀림에 따라 초화문이 하나같이 다르게 표현된 장독들. 겨울에 장독 뚜껑 위로 흰 눈이 소복이 쌓이면 견줄 만한 운치가 따로 없다.

문간채 좌우로 길게 돌담이 둘러쳐 있다. 돌담장에 기대어 핀 꽃들이 너무나 정겹고 사랑스럽다. 안마당을 지나면 2벌대 기단을 갖춘 'ㄱ'자형 안채가 나타난다. 기와 대신 기와 모양의 시멘트 지붕이고, 벽도 추위를 막기 위한 단열재를 외부에 마감하다 보니 원래의 모습이 많이 변형되어 사라졌다. 그러나 대문채를 바라보고 'ㄱ'자형으로 배치된 가운데에는 대청마루가 한 칸, 안방이 한 칸을 차지하고, 건넌방을 한 칸, 앞면에는 툇간 마루를 반 칸 두어 풍족하지 않지만 소박한 공간

봄 햇살이 가득한 행단 마당

구성을 이루고 있다. 맹사성 선생의 청백리 같은 정신이 깃들어서인지 안채의 소박한 크기가 이 집안의 분위기에 적당한 것처럼 느껴진다.

우진각 지붕의 안채는 단을 이룬 지형을 이용해 돌담을 문간채 전면에 2열로 쌓았다. 안채 뒤편으로 여유 있는 후원을 만들었고, 동쪽 언덕으로 난 사랑채와 연결되는 담장 끝 일각문이 텃밭과 구괴정九槐亭으로 시선을 안내한다.

고택의 마당에 올라서면 은행나무 두 그루가 선비의 굳건한 기개를 상징하듯 서 있는데, 이 나무들이 여름마다 시원한 그늘을 제공해 준다. 또 가을이 오면 노란 잎새가 고택 하늘 전체를 물들인다. 이 두 나무가 해마다 다섯 가마씩의 은행을 후손에게 선물한다고 하니 스피노자가 말한 '세상에 종말이 올지라도 나는 오늘 한 그루의 사과나무를 심겠다.'는 이야기가 가슴에 와 닿는다. 맹사성 선생 역시 자연의 아름다움을 고마워하고, 후손들이 자연을 마음껏 음미하면서 수확의 기쁨도 함께 누리기를 바라며 나무를 심지 않았을까 싶다.

이 맹씨행단의 건물 기단은 자연석으로, 크고 작은 돌을 가공해 여백에 채우는 형식으로 만들었다. 드잡이공의 섬세한 솜씨가 정말 대단하다. 평면 구조를 살펴보자. '공工'자형의 본채 건물은 정면이 네 칸이고 측면은 세 칸이며, 대청은 두 칸에 두 칸 크기다. 방은 한 칸에 세 칸으로, 그 안에서 다시 두 칸과 한 칸으로 나누어 꾸몄고, 미닫이문을 설치했다. 대청마루의 앞쪽에는 넓직한 툇마루를 두어 좌우 방으로 출입하는 문에 다니기 쉽게 하고 지붕의 모양이 조금 특이하다. 중앙 두 칸은 대청으로 팔작지붕인데, 양측 칸은 온돌방으로 맞배지붕을 두어 두 개의 지붕이 서로 결합된 형태를 선보인다. 이 집은 우리나라 민가民家 중에서 가장 오래된 건물 가운데 하나로, 조선 초기 민가 건축의 모습을 이해하는 소중한 자료다. 이 집의 규모는 그리 크지 않은 아담한 모

사당인 세덕사의 모습

습이지만 건물 하나하나에 다양한 표정 처리가 담겨 있고, 세련된 가구 결구법과 섬세한 조각을 감상할 수 있다.

먼저 사면을 둘러보면 문의 형태가 다양함을 알 수 있다. 방문의 경우, 채광을 위한 창문 역할과 출입을 하는 문 기능을 구분한 것이 특이하다. 두 칸의 대청마루 넉살무늬 3분합문은 전면에 머름을 꾸민 문틀에 설치한 것으로, 도리에 등자쇠를 달아 걸 수 있게 했다. 그중 오른 칸 중앙의 분합문은 다른 문보다 살대를 세 개 늘려 문지방만 두고 머름을 없애 출입문으로 삼았다. 이 문 아랫부분에 청판이 붙어 있어 언뜻 보기에는 머름이 있는 옆 문틀과 구분이 어렵다. 도편수의 세심한 정성을 느끼게 한다. 문틀 상부는 머름판을 대어 더욱 탄탄한 느낌을 준다. 전면에는 두리기둥을 쓰고, 후면에는 원기둥을 사용한 기법은 지금까지 보았던 민가 건축의 기둥 배치와 사뭇 다르다. 넉살무늬 살대의 폭이 크고 살대가 두툼한 것은 부석사 무량수전 문과 유사한데, 이러한 방법

느티나무에 기대 선 구괴정

바라지창으로 보이는 후원과 사당

은 고려 말에서 조선 초기에 주로 사용한 오래 된 가구법이다.

솟을합장이 있는 마루대공을 살펴보자. 마루 벽체의 대공은 끝에 소로를 끼운 모양의 솟을대공을 사용하고 있는데, 이 모양은 경북 월성군 안강읍의 이언적 선생 가옥인 독락당의 마루 벽체 대공과 비슷하다. 대청의 가운데 대공은 복화반을 닮은 대공인데, 봉정사 극락전에서 사용한 것과 같은 시대의 주심포계통 고식 양식이다. 맹씨행단의 기둥과 보가 만나는 기둥머리도 살펴보자. 보를 받치는 보아지는 다른 가옥에 사용하는 대들보보다 가늘고 간결하다. 툇보와 기둥이 만나는 보머리와 '인人'자형 대공인 솟을합장을 받치는 중도리, 대들보 위로 걸리는 머리인 화두아도 동일한 형태로 보아지 끝을 초각으로 꾸며 세련되게

괴석으로 나열 된 사당 입구

만들었다. 이 또한 고려 말 조선 초기에 주로 사용한 기법이다.

분합문을 거는 등자쇠는 가락지 모양으로 되어 있다. 주두 밑 쌍 '을乙' 첨차 옆에서 귀걸이를 한 여인의 부드러운 얼굴 모습이 연상된다. 출입문 크기를 방 크기에 비례하여 만든 것이 흥미롭다.

이 가옥은 규모는 작으나 비교적 큰 창문의 크기나 모양이 제각기 달라 보는 이들의 시선을 즐겁게 한다. 창문의 다양한 모습을 전시 해 놓은 박물관 같다. 그래서 같은 크기의 창이 나열되는 획일적인 집과 달리 이 집은 다양한 크기의 창문이 아름다운 풍경 사진을 걸어놓은 듯 아름다워 보인다. 현대 건축에서는 느낄 수 없는 우리 한옥만의 창문이 주는 특별한 혜택이다.

노송과 느티나무가 어울리는 구괴정 단청의 아름다움

온돌방 벽에 조그마한 눈꼽재기 창문을 두었는데, 인기척이 느껴지면 밖으로 나가지 않고도 동정을 살필 수 있고, 하인이 찾아도 옷매무새를 정리하지 않고 얼굴만 내밀고 편안히 대화할 수 있으니 실용적이면서도 근엄한 사대부의 모습을 지킬 수 있어 편리하다.

또한 비교적 크고 투박한 뒤뜰을 볼 수 있는 대청마루의 바라지창은 머름을 드리지 않고 널빤지문으로 만들었다. 이 또한 오래된 기법이다. 바라지창을 열면 후원과 돌담이 감상되고, 산을 따라 올라가는 소나무를 볼 수 있어 시원한 기분이 든다.

사당 건물은 안채에서 올라와 행단 앞을 지나면 사랑채 왼쪽에 있다. 사당으로 가는 길에는 아름드리 전나무가 하늘을 찌를 듯 힘차게 서 있으며 좌우에는 괴석과 화단이 아름답게 꾸며져 있다. 맹사성 선생의 기개를 존경하는 이들이 많아, 지금까지도 이곳에 화분을 놓고 가는 사람들이 있다. '세덕사'라는 당호가 걸린 세 칸에 한 칸 크기의 익공계의 사당은 일각문을 통해 들어가는 별도의 담장으로 이루어져 있다. 이곳에는 신창 맹씨 선조 3대의 위패가 모셔져 있다. 바로 고려 말 이군불사二君不事의 고결한 절개를 지키다 순절한 상서공 맹유와 돌포공 맹희도, 조선시대의 대표적 청백리인 맹사성의 위폐다.

이 가옥은 협문이 두 개 있다. 행단의 사당인 세덕사 옆으로 난 일각문과 남쪽 끝 언덕으로 나가는 일각문이다. 남쪽으로 난 일각문을 나서면 구괴정이라는 사연이 깊은 정자가 나타난다. 아름드리 소나무와 느티나무가 어우러진 언덕 위에 서 있는 팔작지붕의 건물. 봄이 되면 구괴정 가는 길목에 냉이꽃이 유난히도 많이 피어 마치 노란 양탄자를 밟는 느낌을 준다.

정자는 전면 세 칸 측면 두 칸 규모로 난간을 둘렀고 단청이 예쁘게 칠해져 있다. 민가에서는 보기 드문, 특별한 대우를 받았던 건물이다. 좌우에는 그당시에 심었다는 느티나무 가운데 세 그루만이 남아 있다.

정자를 마주하면 두개의 편액을 볼 수 있다. 하나는 '삼상당三相堂'이요, 다른 하나는 '구귀정九槐亭'이라 쓰여 있다. 삼상당은 당시 정승을 하던 고불古佛 맹사성孟思誠이 방촌 황희 정승과 독수와인 권진 정승과 함께 이곳에 정각을 세워 놓고 세상살이를 이야기하거나 국정을 논의했다 하여 붙은 이름이다. 구귀정은 친목을 돈독히 하기 위해 한 사람이 느티나무 세 그루씩, 모두 아홉 그루를 심은 데서 유래한다.

정자 마루에 앉아 바라보면 배방산 아래 옹기종기 모여 앉은 마을이 보인다. 넓은 논과 밭이 한눈에 들어오고, 한적한 시골 풍경에 고즈넉한 자연미를 느끼게 된다. 한옥은 자연을 해치지 않고 지연과 사람이 하나 될 수 있도록 건축되기 때문에, 세월이 흐른 뒤에도 그곳에 서면 자연과의 조화를 느낄 수 있다.

자연석만으로 쌓은 돌담이 맹씨 가옥을 두르고, 담장 주변의 경사진 후원에는 다양한 꽃들이 아름답게 피어 있다. 느티나무, 전나무, 감나무 등의 많은 나무들이 우거져 있고, 아름드리 소나무와 고목이 고택의 고풍스런 분위기를 고조시킨다.

우리나라 생활 주거 건물 중 가장 오래 되었다는 맹씨 고택. 청렴한 선비 정신과 운치 있고 아름다운 자연 경관을 동시에 느낄 수 있는 몇 안 되는 건물이다. 이곳 고택의 대청마루에 앉아 뒤쪽의 널판문을 활짝 열어 놓고, 들고 갔던 차 한 잔을 마시며 맹사성의 〈강호사시가江湖四詩歌〉를 읊어보았다.

〈강호사시가〉는 우리 역사상 최초의 연시조聯詩調로, 이황의 〈도산십이곡陶山十二曲〉과 이이의 〈고산구곡가高山九曲歌〉에 영향을 준 작품이다. 학창 시절, 시험에 꼭 나온다고 열심히 가르치시던 국어 선생님의 모습이 자꾸만 떠오른다.

홍성洪城 조응식가옥趙應植家屋

중요민속자료 198호 | 충남 홍성군 장곡면 산성리 309

8

• • •

조응식가옥은 홍성군 장곡면 산성리 원골이라는 마을에 위치하고 있다. 앞으로는 넓은 들판이, 뒤로는 산성이 자리하고 있다. 국도에서 마을로 들어가는 길로 조금 걸어 들어가면 이 가옥을 호위하듯 선 사계절 푸르른 소나무 숲을 배경으로 기와집이 우리를 반기고 서 있다. 이 가옥 좌우에는 몇 채의 집과 밭이 있는데, 편리한 왕래를 위해 안채에서 밖으로 직접 연결되는 통로가 있다. 집 앞의 개울 옆에는 작은 석가산石假山이 있는 연못을 만들고, 버드나무도 심어 놓았다. 이 집에서 사용하던 연자방아 돌이 이정표처럼 서 있는 이 연못은 최근에 복원된 것으로 아직 심은 꽃과 나무의 아름다움은 느끼기 어렵지만 연못에서 바라본 가옥의 고즈넉한 운치만은 건립 당시의 모습을 체험하기에는 부족함이 없다.

이 가옥은 오래된 노송들이 집 주위를 감싸고 있는 형상이다. 풍수지리를 따져 일부러 심은 수구막이로, 지형의 기운이 약한 것을 보완하기 위한 것이다. 지금은 주변의 다른 집들로 인하여 수구막이 소나무 숲이 적어졌지만 주변에 남아 있는 소나무 숲은 여전히 운치 있는 분위

뒷산에서 보이는 집 앞 풍경

기를 조성한다.

건물의 배치를 보면, 약간 남서향으로 중심축을 이루고 여섯 칸 반짜리 솟을대문채를 배치했다. 사랑마당을 지나면 '一'자형 사랑채가 나오고, 맨 뒤에 안채를 'ㄱ'자로 배열하였다. 안채는 사랑채 뒤편인 뒷동산 아래에 놓았고, 안마당 동쪽에 광채를 두었다. 안사랑채는 안채의 동쪽에 별도의 담장을 세워 배치했다. 조응식가옥의 안사랑채는 동쪽편에 별도로 대문을 두고 있는 것이 특징이다.

안채로 들어가는 방법은 두 가지다. 평소에는 사랑채의 누마루 옆의 오른쪽으로 돌아 들어가는 주 출입문이 있고, 사랑채의 바깥주인만이 사용했음직한 사랑안방 옆에 붙은 일각문은 서쪽 끝에 있어서 큰 대문에서 봐서는 보이지 않는 곳에 있다. 본채와 나란하게 동쪽에 있는 별

안사랑채와 후원

대문 상부 가구와 편액

조응식가옥의 사랑채

사랑마당의 아름다운 풍경

당채(안사랑)는 앞쪽에 대문을 따로 내었지만 사랑채와 통하는 길을 만들어 두었고, 안채와는 곳간채 후면에서 통할 수 있도록 담장 없이 개방해 두었다.

사랑채 앞으로 가는 길에는 상처투성이 얼굴의 동자석이 서 있는데, 주인이 머리에 조그만 도자기 접시를 모자로 씌워놓아 보기만 해도 웃음이 나온다. 사고뭉치 녀석이 지나가는 사람에게 장난을 치려고 서 있는 듯하다.

문간채는 대문을 고샅과 같이 골목 안에 연결하는 경우, 앞 기둥 끝에 연결하는 것이 보통이지만 이 집은 외딴집으로 마을 골목 없이 바로 대문으로 연결되기에 대문의 위치를 중간에 두고 출입구를 약간 물러

추녀 곡선이 아름다운 사랑채

앉은 듯 만들어 시각적인 효과를 극대화했다.

문의 상부에는 홍살을 창처럼 꽂아 놓았다. 이 집에 들어오려는 좋지 못한 일들은 창살에 찔려 넘어오지 못하리란 벽사의 의미다.

바깥쪽에서 보면 대문 옆의 곳간만 판벽이고, 나머지는 돌과 흙을 번갈아 쌓아 올라가 상부를 기와로 골을 지어 덮었다. 대문채의 안쪽에서 보면 동쪽에는 중인방 아래를 판벽으로 만들어 2칸의 창고를 두었고, 서쪽에는 문간 옆에 판문의 창고와 2칸의 문간방을 만들었으며, 끝의 반 칸은 아궁이가 있는 부엌을 배치했다. 사랑측간은 조금 띄워서 담장과 하나로 배치했다. 사랑마당과 문간채 사이는 넓지 않으나 좌, 우측에 화계를 만들어 철쭉꽃이 만발하는 봄에는 무릉도원처럼 꽃

사랑채 누마루의 수루(睡樓)

들이 흐드러지게 피어난다.

사랑채는 다섯 칸 반 크기로, 기단 끝 추녀에서 물이 떨어질 때 땅이 파이지 않고, 기단이 물러서는 일이 없도록 한 줄의 돌을 낙수면에 깔아 두었다. 사랑채는 자연석을 대충 가공한 네모난 장방형 돌을 성축을 쌓을 때 쓰는 기법으로 3벌대 정도로 정성껏 쌓아 만들었다. 이 집을 지을 당시 돌 쌓는 일을 한 드잡이는 성곽을 쌓은 경험이 있었을 것 같이 앙팡지게 쌓았다. 실의구성은 중앙에 한 칸짜리 대청마루를 두었고, 오른쪽으로 한 칸짜리 방을, 뒤쪽에 아궁이를 두었다. 왼쪽에는 두 칸짜리 큰방을 두고, 큰방 뒤쪽으로 안채 마당에 쪽마루를 두어 안채로 드나들 수 있게 했다. 전퇴집으로, 동쪽의 누마루인 수루睡樓, 양화루를

작은사랑과 구분하던 툇마루 머름대

한 칸 꾸미고, 뒤편 한 칸은 솥을 걸은 부엌을 두어 물도 끓이고, 온돌을 데우는 목적으로 사용했다. 상부에는 큰 사랑채에서 바깥주인이 사용하던 세간들을 보관하는 다락을 꾸며 놓았다.

하얀 회벽의 누마루에는 큰 크기의 냇돌을 놓고, 점차 작은 크기의 냇돌을 쌓았다. 상부에는 기와를 사용해 천하태평天下太平이라는 글귀를 만들었고, 이에 상응하는 팔괘 무늬인 건곤감리乾坤坎離도 만들었다. 최대한 장식이 생략된 사랑채이고, 누마루 밑에 쓰인 글이지만 삼라만상의 이치를 글로 표현하고, 나라가 안정되어야 집안이 평화롭다는 글귀를 쓴 선비의 정신이 느껴진다. 이것은 사랑의 기능을 충실하면서 장식의 조형미까지 챙긴, 흉내낼 수 없는 선조들의 솜씨가 표현되

사랑 대청마루 상부의 가구 모습

어 보는이에게 감탄을 준다.

처마 아래에는 '수루'라는 작은 현판이 걸려 있다. '신선이 잠깐 눈을 붙이는 곳'이라니, 아름답지 않은가. 수루에 앉아 창문을 활짝 열면 솟을대문 옆 담장 위로 연지가 아름답게 보인다. 오른쪽으로는 송림이 무성한 산이 펼쳐진다. 사시사철 푸른 이곳이 과연 신선이 쉬기에 적합한 장소인 것처럼 느껴지게 한다. 방 안에는 '양화루'라는 편액이 걸려 있다. 천장을 바라보니 마루대공과 천장의 구조들이 하나로 연결되어 화합하는 모습의 천장 골조가 보인다. 작지만, 이방은 골조가 드러나 보이는 우물천장을 꾸몄기에 방에서 낮잠을 자려고 하면, 마치 대청마루에 누워 있는 것처럼 자연스러운 분위기를 연출한다. 이 가옥에 대청을 한 칸만 만든 이유를 알 것도 같다. 수루가 있기에 그랬을 것이다.

사랑채의 누마루인 양화정에서 툇마루를 보면 듬직한 기둥과, 기둥

안채로 연결되는 중문과 살며시 얼굴을 보이는 안채

송림에 포근하게 감싸인 안채

머리에서 약간 곡선을 이루며 두꺼워진 툇보의 연결선이 특별히 아름다운 것을 알게 된다. 마루 끝에 보이는 화계에 화사한 꽃들이 가득 피어 액자 속 사진처럼 우리들의 시선을 거두어 간다. 군더더기 없이 단아하게 처리된 섬돌과 기둥, 그리고 기둥에 기대어 연결된 마루 귀틀의 직선에서 극도로 배제된 선비의 기풍을 느낄 수 있다. 두 줄의 청판을 깐 툇마루 중간에 머름청판을 댄 머름대가 대청마루 끝에 있는데 이 머름대에는 문을 달았던 흔적이 남아 있다. 작은 사랑방에 묵고 있는 어른의 편안한 공간을 위해 서쪽 후원 쪽으로 툇마루를 돌리고, 안채의

뒷산의 소나무와 어울린 안사랑채

협문으로 다니기 편하게 바꾼 것이다. 어른을 공경하는 배려가 인상적인 건물이다.

대청마루문은 궁창을 단 사분합 불발기문으로 여름에는 추녀 밑에 걸려 있는 말굽 모양의 등자쇠에 걸도록 했다. 사랑방 기둥의 골격이 벽지와 함께 부드러운 느낌을 준다. 대청의 사다리꼴 마루대공 모양도 약간 모를 접어 둥근 곡선을 강조하고 있다. 방 안으로 들어오는 햇살이 눈부실 정도로 환하다. 한옥의 문지로 사용하는 창호지가 부리는 마술이다.

돌 축대 위에 가지런하게 놓인 장독대

사랑 누마루 옆의 계단을 몇 개 올라서면 서서히 안채가 보인다. 안채로 가는 중문의 판벽에 벽사를 의미하는 활처럼 휘어진 엄나무를 끼워 놓았다. 전통 가옥에서는 문의 위치에 따라 복이 들고 난다고 여겼기에 위치와 방향을 잡을 때부터 신중하게 지관이 판단하였고, 문의 방향이 정해지면 숙련된 목수가 기술을 발휘했다. 중문은 대개 안채의 사생활을 보호하면서 여성스러운 느낌으로 만들었는데 주로 담장에 대어 일각문으로 처리했다. 이 가옥은 안채로 가는 길옆에 나락뒤주를 세웠다. 뒤주 건물을 사랑채 옆으로 내세운 이유는 사람들이 안채와 안사랑채의 공간을 구분하는 시선 처리를 위해서 이 자리에 위치한 것으로 보인다.

전통 가옥에서 중문을 보면 중문채를 통하는 경우가 많고, 이 가옥처럼 단독으로 중문을 세울 경우에는 처마 아래까지 담장을 높이 올려 내외벽을 쌓았다. 중문의 널문 역시 판자로 빈틈없이 촘촘하게 붙여 문틈으로도 안채가 보이는 일이 없도록 방지했다.

중문으로 들어서면 오른쪽에 긴 곳간채가 서 있다. 왼쪽으로 막돌로 대충 가공한 것 같은 기단을 2벌대로 쌓고, 그 위에 덤벙주초를 놓고는 민흘림을 한 사각방주 기둥을 세웠다. 기둥머리는 모를 약간 접은 납도리를 사용하여 2고주 5량 집으로 만들었다. 몸채 부분의 지붕은 팔자의 합각으로 처리했고, 서쪽 부엌 쪽에서 사랑채로 이어진 날개 부분은 맞배지붕으로 처리했다.

'ㄱ'자형 안채는 집으로 전후퇴가 있는 집이다. 가운데 대청을 중심으로 오른쪽에 안방을 두고, 그 앞쪽에 부엌을 시설하였으며, 윗방은 마루를 깐 골방으로 만들었다. 골방을 장독대 쪽으로 두고 띠살무늬 분합문을 통해 출입할 수 있게 했다. 장독이 있는 서쪽 후원으로 편하게 나갈 수 있고, 여름이면 문을 열어 시원한 뒷산의 솔내음을 마음껏 마실 수 있다.

윗방은 맨 끝에 툇간를 만들어 광을 꾸미고 대청에서 출입하도록 만들었다. 안채는 이러한 방들이 많은 것이 특징인데, 왼쪽으로는 건넌방만 있는 것이 아니라 토벽으로 벽을 만들고 바닥만 마루로 된 방도 있다. 안방과 윗방은 미닫이문으로 구분하고 대청으로 연결되는 덧문은 겹 '용用'자형 미닫이문을 두어 간결한 멋을 뽐냈다. 전체적으로 마루 면적이 넓어 마루에 앉아 안마당을 보면 햇살이 가장 많이 들어오는 동쪽 마루방을 반 칸 뒤로 물러 앉혀서 대청마루가 밝게 되도록 한 목수의 솜씨가 느껴진다. 안방 서쪽에는 외닫이 띠살무늬 방문을 달았는데, 문을 열면 가지런한 장독대가 보인다. 풍성하고 고즈넉한 항아리들의 수수한 멋을 감상하다 눈을 돌려 뒷동산 쪽을 바라보면 언덕의 꽃과 나무들이 활짝 피고 잎새의 출렁임이 보는 이에게 미소를 띠게 만든다.

안채 부엌은 안방이 있는 서쪽에 두고 전면의 판문에 부엌문을 달았다. 부엌은 전면 두 칸에 측면 한 칸 반의 비교적 큰 부엌으로 해와 달을 나타내는 두 개의 무쇠 솥을 걸었다. 부엌 상부에는 다락을 두고 다락의 출입을 위하여 안방에서 사용하는 문을 두었다. 그리고 부엌 벽에는 옆에 수직으로 세운 살창을 두어 통풍과 채광을 하고, 안마당 동태를 살필 수 있도록 얼굴 높이에 살창을 두었다. 살창 위에 다락의 광창을 두는 방식은 충청도 사대부 집에서 주로 나타나는 부엌의 모습이다. 건넌방의 온돌방에 불을 지피기 위한 아궁이는 측면 중앙 칸에 기단을 한 단 낮추어 불이 아궁이에 잘 들게 하였다. 역시 상부에는 다락을 만들어 건넌방을 크게 사용할 수 있게 했다. 이와같이 전통 한옥의 부엌은 중요한 공간의 하나로 먹을 것을 제공하고, 그때 생기는 불필요한 연기는 다락으로 올라 훈증과 건조, 그리고 안방으로 스며드는 냉기를 막아주는 역할을 했다.

별도의 대문을 갖고 있는 안사랑채는 정면 네 칸 측면 두 칸 규모다. 자연석으로 2벌대의 허튼층쌓기 기단 위에 네모난 덤벙주초를 놓았고, 네모난 각기둥과 납도리를 사용하여 2고주 5량 집을 꾸몄다. 홑처마에 팔작지붕인 '一'자형 안사랑채는 처마 끝의 귀솟음이 높아 비상하는 느낌을 준다. 안사랑채의 마루로 오르는 디딤돌은 안사랑채 왼쪽 방 앞에만 하나 두었다. 이 방 앞에서만 마루에 오르게 한 점이 특이한데 이곳과 대문이 일직선상이 되기 때문에 최대한 쉽게 마루로 올라갈 수 있는 장소에 두고 있는 것이다. 안사랑채의 구조는 서쪽 편인 오른쪽 끝에 대청을 두고, 두 칸의 안사랑방을 배치하였다. 안사랑 뒤쪽에는 골방을 만들었다. 특이하게도 골방은 뒤로 헛기둥을 세워 확장했고, 지붕 처마를 그 위만 조금 연장해서 마감했다.

대청마루는 전면에 사분합문을 달아 여름에는 추녀 밑에 있는 등자쇠에 걸게 하고, 뒤편으로는 띠살무늬 창호지를 바른 바라지창을 달아 열도록 했다. 특이하게도 측면 벽은 남부지방 주택처럼 판문이나 분합문을 달아 개방성을 강조하지 않고 벽으로 처리했다. 쪽마루로 나가는 문을 단 것을 보아 겨울 추위에 대비했음을 알 수 있다.

안사랑채의 아궁이는 동북쪽 끝에 두었다. 상부는 방에서 통하는 문을 달아 다락으로 사용했다. 어두운 다락을 위하여 광창을 달아 채광을 할 수 있도록 하는 섬세함이 있다.

안채의 대청문을 활짝 여는 여름이 오면 바깥사랑채를 드나드는 손님들로 하여금 안채가 보이지 않도록 하는 방법으로 나락곳간을 두었다. 이 나락 곳간은 사랑채 옆에 있어 관리도 쉽지만 시야를 막아 마루

사당과 별당의 경계 구분과 안채 중문의 시선을 유도하는 나락뒤주

에서 쉬는 모습이 보이지 않게 해주는 일석이조의 역할을 하고 있다. 이 곳간의 위치를 우연히 결정하지 않았을 것이다. 이와 같이 한옥에서 사는 우리 조상님들은 모든 것에 사람이 살기 좋도록 환경을 만들기 위해 정성을 다 했기에 나타나는 결과들이다. 이 가옥을 보면, 사랑채는 사랑채만으로, 측간은 측간만으로, 곳간은 곳간만으로 쓰였을 듯하지만 전통 한옥에서 한 채의 건물은 타고난 용도 외에도 쓰임이 많았다. 시선을 차단하고, 겨울 찬바람을 막아주고, 건물 사이로 바람이 흐르도록 배치해 뜨거운 공기를 환기시키는 등 한옥은 살아 숨 쉬는 생명체와도 같은 역할을 하였다.

韓屋의 美

13 전북 고택들

남원 몽심재 | 정읍 김동수씨가옥

전북 고택들

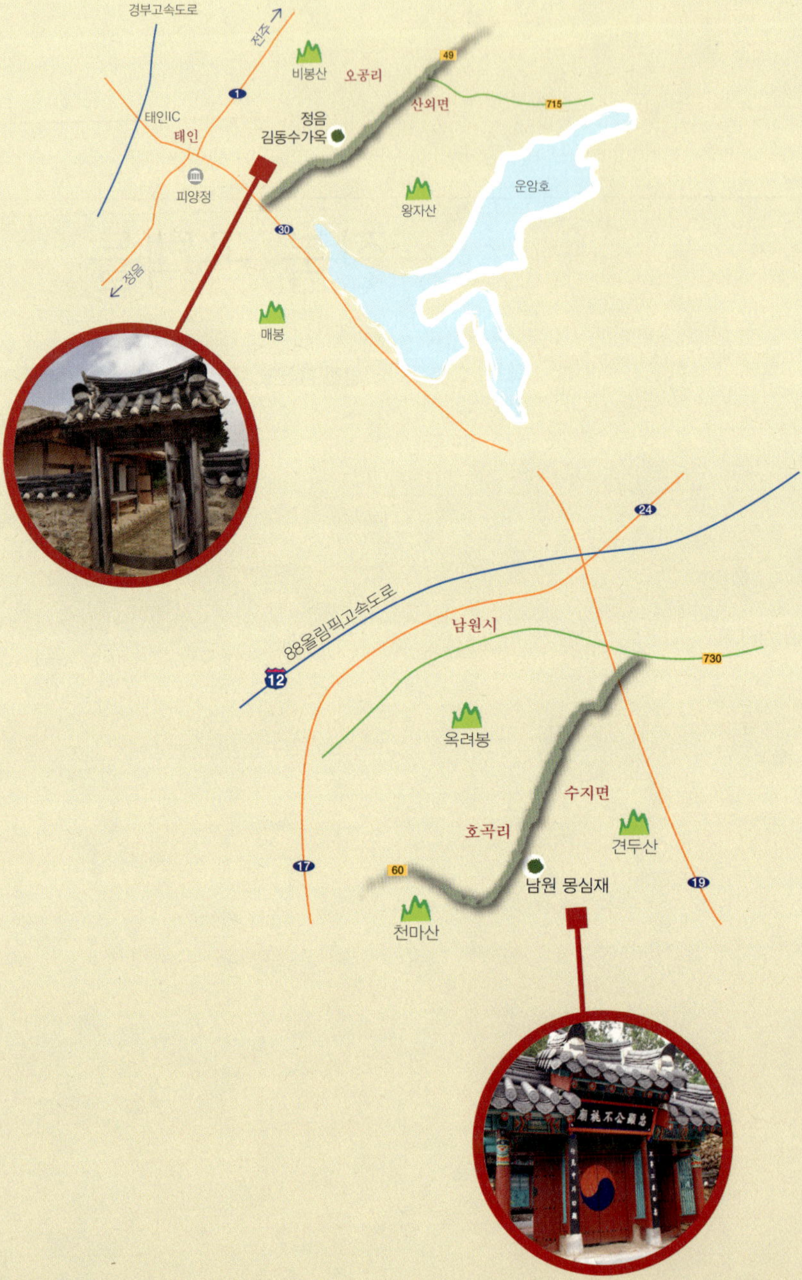

경부고속도로
전주
비봉산
오공리
49
1
715
산외면
태인IC
태인
정읍
김동수가옥
피양정
운암호
왕자산
30
정읍
매봉
24
88올림픽고속도로
12
남원시
730
옥려봉
수지면
호곡리
견두산
17
60
남원 몽심재
19
천마산

남원 南原 몽심재 夢心齋

중요민속자료 제149호 | 전라북도 남원시 수지면 호곡리 796-3

1

남원의 몽심재夢心齋는 조선 후기 전북 지방 상류 가정의 전형적인 가옥 형태를 잘 보전하고 있는 가옥이다. 남원에서 19번 도로를 따라 구례 방면으로 가다가 다시 60번 도로로 접어들어 낮은 고개 하나를 넘으면 저수지를 따라 잘 생긴 소나무들이 늘어선 호곡마을이 보인다. 이 마을 안쪽에 몽심재가 있다.

몽심재는 잿들에서 흘러내린 물이 집 앞을 둥글게 감싸 안고 흐르는 지점에 있으며, 숙종 20년(1700)에 박동식(朴東式, 1753~1830)이 산 아래의 따뜻한 터를 잡아 건립하였다고 전한다. 이 가옥이 위치한 터는 풍수지리학적으로 호랑이 머리 부분에 해당하는데, 앞의 안산은 호랑이의 꼬리 형상을, 즉 좌청룡을 대신하고 있다. 집 뒤로 보이는 산은 아미산 모습을 하고 있으며, 이는 초승달 형태로써 여자 후손에게 복이 많을 형상이라 한다. 그런 이유인지는 모르나 이 마을은 집안마다 여자들이 훌륭한 분이 많다는 이야기를 마을 어른들이 전해 주었다.

이 가옥은 사랑마당이 작은 대신에 대문 앞에 넓은 마당을 두고 있다. 대문은 솟을대문이며, 토석 담장이 대문 문설주에서 약간 옆으로

빼꼼이 사랑채가 보이는 몽심재의 솟을대문

부터 이어져 나오다가 둥글게 담장을 돌아가는 모습이 인상적이다. 막다른 고샅 같은 느낌이 드는 형태다. 대문은 상방을 격자로 상하 구획하여 장식하고 앞쪽 벽선에 맞추어 문을 달았다. 대문에 들어서면 산을 오르는 것 같이 자연스럽게 형성된 언덕 위로 사랑채와 안채가 자리하고 있다. 그리고 우측으로 행랑 마루 옆에 커다란 바위와 함께 넓은 사랑마당이 보이고, 행랑 누마루 앞쪽으로 안채와 사랑채에서 빗물을 모아 연지를 만들었다. 이 가옥은 경사진 지형을 이용한 가옥으로 사랑채와 옆에 붙은 중문채가 높은 축대 위에 올라 앉아 있다. 전체적인 구조는 'ㄷ'자형의 안채를 중심으로 어느 정도 거리를 두고 단을 낮추

대문채의 마루

몽심재 대문채 옆의 바위(청와, 존심대)

몽심재 사랑마루와 편액

통나무와 널판으로 꾸며진 디딤판

어 '一'자형의 사랑채가 있으며, 서쪽 중문채에 고방과 광을 두었다.

솟을대문의 문간채 서쪽에는 한 칸의 곳간을, 동쪽에는 한 칸의 온돌방을 두었다. 온돌방 앞에는 마루가 놓였는데, 계자난간을 갖추었으며 삼면을 벽 없이 개방적으로 만들어 나즈막한 누마루에서 연못과 뒷산의 풍경을 감상할 수 있도록 주인이 아래 사람의 거처에 내려준 특별한 배려이며 선물이다.

연지 주위에는 여러 나무들이 심어져 있는데, 여름에는 빨간 배롱나무 꽃이 운치를 더해준다. 사랑채 앞마당 중간에서는 이 집만의 특별한 모습으로 원래부터 거기 있었다는 3m 가량의 커다란 화강암 바위를 볼 수 있다. 집 안에 이처럼 큰 바위가 있으면 범상치 않은 인물이

툇마루와 팔각기둥이 인상적인 사랑채

몽심재 사랑 누마루에서 보이는 아미산 풍경

사랑채에 누마루 난간을 표현한 독창적 예술

태어난다는 이야기가 전해 내려오고 있다. 이 가옥의 바위에는 '주일암主一岩', '존심대存心臺', '청와淸窩'와 같은 글자들이 새겨져 있어 이 집안의 선조들도 이 바위의 존재를 특별하게 인식하였던 것으로 보인다.

사랑채는 넓은 사랑마당과 높은 축대 위에 자리하고 있다. 지형의 경사를 이용하여 다듬은 자연석을 6벌대로 막돌허튼층쌓기로 쌓고, 그 위에 다시 단을 두어 화계를 만들고 난과 기암괴석을 이용하여 석가산을 만들어 놓았다. 사랑채는 정면 다섯 칸, 측면 두 칸의 홑처마 팔작지붕 건물이며 덤벙 주춧돌 위에 전면의 기둥을 팔각주로 세워 집의 품격을 높이고 있다. 서쪽으로는 한 칸의 계자난간을 두른 누마루를 꾸미고 나머지 세 칸에는 툇마루를 두었다. 몽심재의 사랑채는 세 칸의 툇

단순하지만 둥근 곡선의 자연석 표현이 아름다운 중문앞

마루 가운데 두 칸에 쪽마루를 덧대어 마루를 실용적으로 확대한 특징을 보여준다. 여기에 동편의 한 칸에는 쪽마루 대신 긴 통나무를 대강 면치기하여 나무 발판을 만들어 마루로 올라가도록 꾸미고 있다. 자연스럽게 처리 된 디딤판에서 나무를 이용해 다양한 기능을 선보이는 우리 전통 건축의 묘미의 한 부분을 느낄 수 있다. 또 다른 특징의 하나로 사랑채의 기둥은 민가에서 보기 드문 팔각형이며 정교하게 다듬었다. 일반 주거용 가옥에서는 보기 드문 예로, 매우 격 있는 건물을 지으려는 집 주인의 정성이 느껴진다. 아울러 디딤판 옆의 굴뚝도 부끄럽게 숨어 있는 형태로 매우 홍미로운 모습으로 서 있다.

사랑채의 공간 구성을 보면, 가운데 세 칸은 머름대를 대고 청판을

중문에서 본 안채

끼운 문틀 위에 2분합 띠살무늬 덧문을 꾸미고, 섬돌이 있는 오른편에는 머름대가 없이 이분합 덧문을 단 정면 한 칸에 측면 두 칸의 대청을 두었다. 그리고 누마루에는 전면 한 칸, 측면 두 칸 크기의 온돌방을 두고, 온돌방 서쪽으로 중간에 외닫이 띠살무늬 창문을 달아 밖을 내다볼 수 있도록 만들었다. 누마루는 툇마루보다 단을 높여 우물마루판을 대고 그 아래에는 아궁이를 두었다. 불을 때는 아궁이는 뒤편으로 서쪽에서 두 번째 칸을 들여 아궁이를 꾸미고 있다. 더욱 흥미로운 것은 대청마루 2분합문 옆 벽의 여백 아래쪽에 판재로 만든 눈꼽재기 창이 꾸며져 있다는 점이다. 이 매우 독특한 형태의 창으로 실용적인 표현의 아름다움으로 관찰하면 좋을 것 같다.사랑마루의 벽기둥에는 이 집의 당호인 몽심재의 뜻을 이해 할 수 있는 시구가 주련으로 걸려 있다. 주

균형 잡힌 안채의 전면

련에서 〈동류안원량몽洞柳眼元亮夢〉은 "마을을 등지고 늘어서 있는 버드나무는 도연명이 꿈꾸고 있는 듯 하다"는 말이다. 〈등산미백이심登山微伯夷心〉은 "산에 오르니 고사리는 백이숙제의 마음을 토하는 것 같다"는 말이다. 고려시대의 충신 송암 박문수가 정몽주에게 충절을 다지며 보낸 시를 생각해 보면서 사랑채의 아름다운 멋을 느낄 수 있다. 이 뜻을 "몽심재"라는 당호로 삼았고 이를 주련으로 풀어서 표현하는 모습에서 이 집을 지키는 주인의 심성을 느낄 수 있는 매우 인상적인 모습이다.

기둥머리는 툇보 아래에 보아지를 대고, 보아지는 전면으로는 보와 같은 길이로 직절하고 안쪽으로는 45도 정도로 사절된 나무로 받치어 놓았다. 전면 도리 아래는 장여와 창방 사이에 소로를 받쳐 공포 없는

몽심재 안채의 안방과 부엌

손을 씻던 안주인의 지혜가 돋보이는 안마당 물확

죽산박씨 종가댁 솟을대문

죽산박씨 종가댁의 널찍한 안마당

팔작지붕의 죽산박씨 종가댁 사랑채

민도리집의 장엄한 분위기를 표현하고 있다. 사랑마루에 앉아 앞을 보면 안산이 아닌 둥근 산마루가 앞을 병풍처럼 감싸 안은 듯하고, 그 언덕에는 오래된 노송들의 송림이 아름답게 펼쳐져 있다.

사랑채 동쪽에는 세 칸의 중문채가 사랑채의 기단보다 한 단 낮게 위치하고 있다. 통상 대문이라 함은 공간의 구획인데, 여기 몽심재에서는 대문 옆에 담장을 두지 않아 중문은 그저 형식적이고 상징적인 의미의 문으로 서 있다.

중문채를 지나면 안채다. 안채에는 'ㄷ'자형으로 정침과 광채, 그리고 헛간이 배치되어 있다. 부속채는 모두 서쪽에 배치되어 있는데, 동쪽에는 죽산박씨 종가댁 담장이 가까이에 있어 건물의 확대는 서쪽으로만 가능한 지형이었던 것 같다. 안채 뒤로는 3벌대의 축대 위에 넓은 텃밭이 있으며, 부엌 쪽으로는 자갈을 이용하여 축대를 만든 장독대에 다양한 크기의 옹기들이 모여 있다.

중문을 열고 안으로 들어서면 건넌방 측면에 있는 굴뚝이 먼저 보이고, 조금 더 들어가면 좌측으로 안채가 빼꼼히 보인다. 중문채와 안마당은 2단 높이의 단 차이를 두고 있는데, 이곳에 올라서면 안채의 모습이 한눈에 들어온다. 안마당의 가운데로 나서면 안마당 끝자락 중앙에 계단이 있다. 이 계단 옆으로 기단 위에 커다랗고 잘 생긴 돌확이 있어 매우 흥미로운데, 이 돌확은 집 안으로 들어가기 전에 손을 씻는 장소로, 청결을 유지하도록 한 배려를 엿볼 수 있다.

안채는 둥근 강돌을 이용하여 쌓은 2벌대 기단 위에 덤벙 주춧돌을 놓고 그 위에 네모난 방형 기둥을 세웠다. 세 칸의 안채는 방과 대청을 중심으로 툇마루를 두고, 서쪽으로 한 칸의 온돌방을 두었으며, 모서리에 두 칸의 부엌이 있는 형태다. 부엌 안쪽 깊숙이 아궁이를 만들었는데, 그 위로 특이하게 부엌방이 한 칸 더 있다. 날개채 쪽으로도 한 칸의 온돌방과 방에 딸린 부엌이 있다. 서쪽 날개의 부엌 부분에는 따로 대청마루를 두어 부엌에서 이루어지는 가사활동을 마루에서 할 수 있도록 편리하게 구성했다. 그리고 동쪽 날개채 쪽으로는 마루로 꾸민 고방과 건넌방을 이어 놓고 부엌을 방 옆에 두었다. 부엌 위에는 다락을 두었는데, 부엌 문 위로는 광창을 두고 남쪽으로는 외닫이 띠살문을 달아 밖으로 나갈 수 있도록 만든 것이 눈에 띈다. 건넌방에 기거하는 자녀들이 높은 곳에서 밖의 경치를 볼 수 있도록 만들어 놓은 것도 이 집의 특징이다. 이러한 모습은 전라남도 지방에서나 볼 수 있는 특색이다. 구례에 있는 운조루에서도 다락에 마루를 매달아 놓은 것을 볼 수 있다.

죽산박씨 종가댁 사당의 솟을삼문

안채의 중심 칸은 남부지방에서나 있을 법한 넓은 우물마루 대청이 건넌방을 북쪽으로 감싸 안고 있는 형태이며, 대청 앞쪽에는 분합문을 설치하였다. 또 분합문 밖의 툇마루 앞에도 마루널을 반 칸 정도 덧대어 건넌방에 기거하는 자녀들에게 넓은 공간을 만들어 주고 있다. 이 집 주인의 자녀에 대한 특별한 배려가 돋보이는 장면이다.

호곡리는 죽산박씨 씨족마을로, 크고 작은 집들이 옹기종기 모여 있다. 당연히 종가도 이 마을에 있으며, 몽심재와 담을 같이 한 집이 바로 그 집이다. '삼강문'이라는 편액이 걸려 있는 솟을대문 좌우로 효자비가 세워져 있다. 삼문에 들어서면 약간 언덕진 경사면에 아름답게 가꾼 정원이 나타나고, 그 뒤로 막돌허튼층쌓기 한 기단 위에 팔작지붕의 사랑채가 자리하고 있다. 이 사랑채는 툇마루와 대청마루 앞의 기둥이 모두 둥근기둥이며, 일반적인 두 칸의 기둥 간격 사이사이에 한 개씩 기둥을 더 세워 매우 장중하게 느껴진다. 반면에 둥근기둥 사이의 간격이 너무 좁아 기둥이 두껍게 느껴지고 약간 답답한 느낌도 든다. 하지만 서쪽에 있는 두 칸의 온돌방은 일반적인 가옥의 기둥 간격을 유지하고 있어 답답한 느낌은 없다. 대청마루에 앉아서 앞을 바라보면 멀리 지리산 자락이 보이고, 몽심재 앞을 푸른 송림이 병풍 같이 집을 감싸 안고 있는 주변 풍경은 선비들이 원하는 이상적인 공간이었을 것이다.

안채는 몽심재와 형태가 비슷하며 크기도 비슷하다. 진입 방법도 대문에 들어서서 사랑채 오른편으로 돌아 올라가는 형식은 같다. 그러나 이 집에는 현재 중문채가 보이지 않고 동편 언덕 가장 높은 담장 아래 사당을 배치하고 있다. 대문에서 좌측으로 돌아보면, 안채의 정침은 'ㄷ'자 평면으로 되어 있다. 안채의 전열 외 진주기둥은 건물에 어울리지 않을 정도로 비교적 굵은 둥근기둥을 사용하고 있어 어색하지만, 종가집의 위상을 표현하기에는 손색이 없다. 아울러 기둥 상부에 매달아 놓은 선반의 소반이나 채, 많은 광주리 등을 보면서 제사와 같은 행사가 많은 종가집의 분위기도 읽을 수 있다. 특히 부엌 위의 다락방에서 남쪽으로 창문과 난간을 만들어 놓은 모습은 몽심재와 같은 모습이다.

이 가옥의 동쪽 양지바른 곳에 송암 박문수 선생을 불천위로 모시는 사당이 자리하고 있다. 사당은 둥근기둥에 솟을삼문의 형태이며, 가운데 칸에 박문수 선생을 나타내는 '충현공부조묘'라는 편액이 걸려 있고 막새기와와 단청을 하여 매우 화려하게 꾸몄다. 정면 세 칸에 측면 한 칸의 크기이며, 전면 반 칸을 퇴로 사용하고 있다. 원기둥의 상부에는 창방을 걸고 익공집에 사찰에서처럼 화려한 단청을 하였으며, 지붕은 맞배지붕에 겹처마로 꾸몄다. 여기 모셔진 박문수 선생은 고려 말의 충신이자 포은 정몽주 선생과도 막역한 사이였다. 고려의 국운이 다하자 태조 이성계가 회유 함에도 불구하고 '충신은 불사이군'이라며 만수산 두문동에 칩거하면서 쑥과 고사리만을 먹으며 충의를 지키던 선생의 위패를 여기 모시고 있다.

정읍井邑 김동수씨가옥金東洙氏家屋

중요민속자료 제26호 | 전북 정읍시 산외면 오공리 814

2

• • •

김동수가옥은 조선시대의 전형적인 상류층 가옥이자, 당시 전라도 일대에서 유행하던 풍수도참사상에 입각하여 지은 집이다. 그만큼 이 집에는 풍수와 관련된 이야기가 많이 전해온다.

먼저 이 집을 지은 사람은 김명관金命寬으로, 1784년(정조 8)에 건립하였다. 건립 당시부터 김명관은 이 집터가 명당이며, 그 기운이 최소한 12대까지는 이어질 것이라는 굳은 믿음을 갖고 있었다고 한다. 그래서 후손들에게 혹시라도 집이 화를 당하여 무너지더라도 이곳을 절대 떠나지 말 것을 당부하고, 정확한 위치에 다시 지을 수 있도록 안채 땅 밑에 표식을 만들어 두었다고 한다.

또 이 집터를 점지해준 도깨비 이야기도 전해지는데, 도깨비들이 오공리 창하산蒼霞山 아래(지금의 집터)를 점지해주며 이곳에 집을 지으면 백섬지기의 부자가 된다고 했다는 이야기다. 실제로 뒷산인 창하산에 올라 보면, 집 앞으로는 동진강東津江의 상류가 동쪽에서 서쪽으로 흐르고 있고 멀리 안산이 가로막고 있으며, 뒷산이 아늑하게 감싸는 듯한 형국으로 전형적인 배산임수의 형태다. 이 집이 풍수지리에 얽힌 사연

김동수가옥의 대문과 바깥행랑채

을 보면, 청하산이 지네를 형상하는 지형이고 지네의 머리에 해당되는 부분이 이 집 안채의 중앙이라고 한다. 따라서 지네의 기운을 얻기 위해 바깥마당 앞에 연못을 만들고 나무를 심어 습지를 만들고, 지네의 먹이인 지렁이를 살게 했다고 한다.

이 가옥은 49번 국도에서 북쪽편으로 접어들어 도원천을 건너면, 맑은 도원천에 접하여 오래된 세월이 느껴지는 고목이 나열된 연지가 자리하고 있었다. 그러나 최근에 연못을 정비하면서 나무들은 사라지고 말았다. 연지를 돌아 집 입구에 도달하면 초가집의 오른편으로 호지집이 나타난다. 이 가옥의 담 밖에는 '호지집'이라 해서 초가가 있는데, 외거노비가 거주했던 곳이다. '호지집'은 담 주위에 배치하여 평상시에는 주인집의 외곽을 보호하고, 비상시에는 가족들의 피신처로 삼기 위한 목적을 가지고 있었다고 한다. 그래서 안채에서 가까운 호지집에는

대문채 마당과 솟을대문

집주인의 안전을 위해 피신처로
사용하던 협문과 호지집

가장 믿을 수 있는 노비를 거주시켰다고 한다. 집 입구에 있던 호지집은 최근에 복원된 초가삼간의 집으로, 집 주인을 보호해 줄 수 있는 젊은 노비의 집이었다. 이러한 초가삼간 집들은 노비 제도가 없어진 뒤에는 소작인들이 거주하였다고 한다.

전면의 길에서 약간 좌측으로 솟을대문이 세워져 있는데 이 대문채는 전면 열두 칸의 긴 건물이며, 하인의 방과 가마 칸 등으로 구성되어 있다. 문간채 서쪽 끝의 담장이 시작되는 지점에 약 두 자 정도의 벽면이 건물 밖으로 튀어 나와 있는 모습이 특이하다. 이 담은 사회가 불안정한 조선 말기에 이 일대에 도적이 들끓어, 도적을 감시하던 곳이라 한다. 솟을대문은 납도리 3량 가구 형식을 하고 있으며, 지붕은 우진각에 홑처마이며, 기둥은 모두 방주를 사용하였다. 대문 앞 오른편에 놓인 화강석으로 다듬은 직각형의 하마석은 말을 타거나 내릴 때 발돋움돌로 사용되는 것으로 양반가의 생활 모습을 그려볼 수 있다.

대문 전면에 탱자나무 울타리를 만들어 동선을 일부러 돌려놓은 것은 외부인을 감시하기 편하게 하려는 주인의 특별한 목적 때문이라고 한다. 판재로 만든 대문의 빗장둔테는 거북이 모양으로, 거북이 머리를 뽑으면 빗장의 갈림목이 빠져 문을 열게 되는 원리다. 매우 사실적이면서도 의장적으로 표현되어 조형미를 준다.

대문에 들어서면 사랑채나 행랑채가 나타나는 일반 사대부집과는 달리 독립된 대문 마당을 가지고 있는 것도 이 집의 특징이다. 외양간과 바깥행랑채의 곳간 사이에는 'ㄱ'자형으로 담을 쳐서 대문채와 사랑채의 공간을 차단하고 있으며, 담 사이에는 사랑채 쪽으로 문을 내어 대문채 마당이 사랑채 공간의 완충 역할을 하도록 하였다. 대문채에 들어서면 앞을 막는 담장과 우측으로 돌아 들어가는 협문을 만나게

고졸한 느낌의 사랑채

되는데, 그로 인하여 자연스럽게 문간마당이 꾸며지는 특징을 가지게 되었다. 그리고 문간마당 서편에는 초가지붕의 외양간과 솟을대문 옆으로 각각 한 칸씩의 문간방과 마루가 있다. 통상적인 상류 민가의 경우 대문을 지나 나타나는 행랑마당에는 꽃을 심지 않고 정문을 상징하는 큰 나무를 심는 것이 일반적이다. 그러나 김동수 가옥의 경우 화단이 조성되어 고목 한 그루와 관목 몇 그루, 그리고 다양한 꽃을 심었다. 여기서 담장은 정면의 안채 문으로 방문객의 시선이 향하는 것을 막아, 안주인의 사생활을 보호하는 기능을 하고 있음을 알 수 있다. 솟을대문과 안채의 중문이 일직선상에 놓여 있으므로 이렇게 담을 막아 안채를 보호하려고 했던 것이다.

사랑채는 외줄로 잘 가공된 장대석으로 쌓고 주춧돌을 놓은 다음 방주를 세웠으며, 전면 다섯 칸과 측면 세 칸 규모로 지은 팔작지붕 건물

솟을대문 마당으로 통하는 협문과 사랑마당

이다. 서쪽의 두 칸은 대청마루로, 동쪽의 두 칸은 온돌방으로 만들었으며 뒤로는 아궁이를 두었다. 측면의 기둥 간의 폭을 보면 중앙 칸인 어칸은 협칸보다 폭을 넓게 하여 전면은 툇칸의 기능을 하고, 후면은 대청마루와 온돌방의 툇칸 기능을 하도록 공간을 구분하고 있다. 사랑공간의 평면 구성을 보면, 두 칸의 대청마루 오른편으로 같은 크기의 사랑방이 배치되고, 이 방의 건넌방은 북쪽으로 한 칸 아래 사랑방이 딸려서 이 부분이 반 칸 가량 돌출되어 있다.

오른편 전면에는 퇴의 너비만한 복직이방이 있으며 이 방 뒤의 부엌에는 이들 방에 불을 지필 수 있도록 아궁이를 만들었다. 복직이는 사랑방 주인의 잔심부름을 하던 10여세의 소년 하인을 말하며, 그가 기거하던 공간이 복직이방이다. 이 복직이방의 북벽에는 다락문이 있어서 사랑방에 손님이 있을 때에는 방을 거치지 않고 바로 자기 방에서 다락으로 직접 드나들 수 있게 꾸며져 있다. 이 방은 성인이 혼자 드러누우면 딱 맞는 크기의 조그마한 방으로 한 시대의 생활상을 보는 것 같아 잠시 생각에 잠기게 한다.

사랑채는 밝은 색을 띠는 소나무와 어두운 색을 띠는 기와의 배색조화가 아름다우며, 지붕의 귀솟음과 안허리곡이 무리 없이 곡선을 이루어 무척 자연스럽다. 이 가옥 사랑채의 특징은 북쪽에 아들 방을 따로 두고 이방에 별도의 툇마루가 꾸며져 있다. 사랑방에는 바깥어른이 기거하고 아래 사랑방에서는 아들이 기거하였으며, 두 방 사이는 두 짝의 미닫이문으로 공간을 구분하였다. 사랑방 주인은 임종을 위해 안채의 안방으로 옮겨지지 않는 한 자기 방을 아들에게 물려주지 않았으며, 집안일도 직접 관장하며 가정교육을 시켰다고 한다.

사랑채 온돌방 상부의 커다란 공간을 다락으로 만들어 수납용 창고로 사용하고 있는 것도 매우 흥미롭다. 다락에 필요한 햇빛을 들이기 위해 대청마루 위 상단인 대들보 위에 조그마한 창문을 두었다. 이 창문은 외부에서는 보이지 않도록 앞에 편액을 걸어 더더욱 비밀스럽게 처리하고 있다. 특히 여기에 걸려 있던 편액은 추사 김정희 선생의 글이었다고 하나 지금은 볼 수가 없다. 여러가지 가구기법과 모양들의 창호 등 세심한 곳까지 표현하려 했던 장인의 숨결이 아름답게 느껴지는 기법이다. 특히 사랑채의 대청은 매우 넓어 3면을 개방하도록 하고 온돌방과 대청마루 사이 벽은 4분합 맹장지문을 달아 대청 천장에 걸도록 하였다. 여름 더운 시기에 대청에 문을 열고 있노라면, 인간은 자연과 항상 함께 하고 있음을 느끼게 되는 것 같다.

사랑방 전면의 퇴 사이에는 두 짝의 미닫이와 두 짝의 세살문이 있으며 방과 방사이의 구분은 사분합 맹장지의 불발기창으로 칸을 막아 사용하고 있다. 이 불발기창은 필요에 따라서 모두 접어서 들어올리는 문으로, 대청과 2개의 온돌방이 하나가 되어 대청과 방을 언제든 한 공간으로 쓸 수 있도록 하고 있다. 사랑채는 누마루가 없고 툇마루로 이어져 있는데, 단지 마루 끝에 간단히 긴나무를 모만 접어서 수수하게 걸쳐 꾸민 난간은 주인의 수수한 성품을 표현하고자 했던 것으로 보인다.

사랑채의 가구는 방형 기둥 위에 약간 둥글게 휘어진 대들보를 사용하여 동자주로 중보를 받치고 그 위에 판대공으로 마루도리(=종도리)를 받치고 있다. 판대공은 역삼각형 모양으로 하고, 마루도리를 받치는 장여는 소로를 끼워 받침으로써 의장적인 면을 고려하고 있다. 대청마루의 벽은 창문 이외는 흙벽으로 마감되어, 밝은 색조의 회벽과 창문의 창호지 느낌이 매우 균형감 있는 분위기를 연출하고 있다. 후벽의 마루와 창틀 사이에는 머름대를 두고, 남쪽에는 분합문을 받치는 하인방 창틀을 달아 놓았다. 또 분합문의 상부는 일반적인 가옥에서 흔히 보이는 광창이나 판벽으로 꾸며져 있는 대신에 흙벽으로 마감하여 창문을 닫으면 대청 마루방의 분위기가 아니라 온돌방의 분위기가 느껴지는 인상적인 공간의 표정을 읽을 수 있다. 대청마루의 전면 분합문은 추녀 쪽으로 내 걸고 온돌방과 연결되는 분합문은 대청마루 천장의 서까래에 매달려 서로 중복됨을 고려하고 매달아 놓았다. 바라지창문도 판문이 아닌 세살무늬 이분합문을 홑문으로 달아 전통 창살의 아름다운 살대 무늬가 햇살에 투과되어 실내에 투사되도록 했다. 더욱이 바라지창 가운데 하나는 분합문을, 다른 하나는 외닫이 문을 달아 벽간의 여백 크기에 잘 조화되도록 만들어 놓았다. 이러한 차이는 큰사랑채의 중심 칸은 2.7m의 폭으로 구성되고, 외부 기둥 간격은 좁게 함으로써 나타나는 차이에 대응한 기발한 건축의 설계기법으로, 이 가옥을 지은

벽간의 여백 크기를 잘 조화되도록 만든 큰사랑 바라지창

도편수의 특별한 노력이 건물로 표현된 작품이다.

큰사랑 온돌방의 천장은 고미반자로 꾸며 천장틀이 반듯이 전개되어 있고, 온돌방 동쪽 끝에 있는 어린 복직이방 옆에는 다락으로 올라가는 다락 계단과 받침을 두고 있다. 이 계단을 올라가면 중층 높이의 다락이 나타나는데, 일단 다락에 올라서면 온돌방 천장 쪽으로 대들보 위에 마루바닥을 설치하여 복직이방 크기의 한 칸 크기의 다락을 꾸며 놓았다. 흥미롭게도 이 공간은 평소에 사용하는 다락이며, 다시 온돌방 상부 쪽으로 상인방과 천장 사이를 사용하는 진짜 다락이 발견 된다. 이 다락을 찾게 되면 이 집을 지은 목수나 주인의 비밀스런 공간 구성에 절로 감탄사가 나온다. 이 비밀스런 다락의 조명은 대청마루 쪽으로는 마루대공을 받치는 중보 아래 판대공 넓이의 조그마한 넉살무

비밀스런 다락을 간직한 큰 사랑채 온돌방

늬 광창과, 전면의 툇마루 위 분합문 상부에 넉살무늬 창문을 두어 광창으로 이용하도록 꾸몄다. 실제 다락에서는 크기에 비해서 최소한의 불빛만 들어오기 때문에 매우 캄캄해 밝은 곳에 있다가 이 다락을 찾으려면 순응이 될 때까지 기다려야 조금씩 알아 볼 수 있다.

사방이 개방되어 있는 사랑채는 방의 배면에 툇마루를 두고 출입을 할 수 있는 문을 달았는데, 문을 통하여 뒷방의 툇마루로 나서면 담장 위로 사당의 지붕이 보이고 사당 출입문이 직접 보이지 않게 만든 담장이 보인다. 이 담장은 단순히 시선의 단절보다는 안채와 사랑채의 공간 구분에 더욱 신경을 쓴 모습이다. 특히 커다란 돌확에 물을 담고 주변에 나무와 꽃을 심어 아름답게 만든 비밀스런 공간도 있어 자녀의 정서 함양에도 배려를 아끼지 않았다. 지금은 사라져 없어졌지만 동쪽 담장

큰사랑 대청마루의 운치

온돌방의 아늑한 분위기

너머로 사촌이 살고 있어 이 집에서 흐르는 물이 담장 밑을 통해 김동수댁 사랑채 앞을 지나 연지로 향했다고 하며, 의사 전달을 위하여 담장에 구멍을 만들어 사촌간의 생활을 이야기하고 보살필 수 있도록 하였다 한다. 그러나 수년 전 이 집은 사라져 버리고 이제는 쓸쓸한 역사의 이야기 거리가 되어 버렸다. 이 물길이 있었으면 한옥에서 느낄 수 있는 또 다른 아름다움을 찾을 수 있었을 텐데 하는 아쉬움이 남는다.

동쪽 담장 모서리의 아늑하고 조용한 공간에는 단칸의 기와집으로

사랑채 후원의 멋과 쪽담의 선율

측간을 만들어 놓았다. 문이 없는 화장실이며, 측간으로 가는 길목에는 바깥 행랑채 굴뚝을 기와로 쌓아 운치 있게 표현했다. 시선을 부분적으로 차단하기도 하고, 조형감도 살리는 일석이조의 건축적 표현이다. 이 화장실을 사용하는 나이 많은 바깥어른의 편리를 위하여 손잡이도 만들었으니 그 당시 이 가옥에서는 어른에 대한 세심한 배려가 있었다고 볼 수 있다. 사계절 늘 푸르른 동백나무를 심어 사랑채의 굴뚝과 함께 시선을 막고 있다. 차가운 이른 봄날 측간에 앉아 동백꽃이 붉게 핀 꽃봉오리가 툭툭 떨어지는 모습을 보고, 이 측간에 앉아서 무엇을 생각했을지 궁금해진다.

안채는 'ㄷ'자형 두 개가 연결된 형태이다. 안채는 작은 'ㄷ'자형이고, 안행랑채는 큰 'ㄷ'자형이다. 두 건물은 뚜껑 있는 동구리를 형상화

동백나무 아래의 사랑측간

손잡이를 꾸며, 연로한 웃어른에 대한 배려가 돋보이는 측간

한 모습이어서 매우 흥미롭다. 즉 안채를 안행랑채가 감싸 안은 형태의 배치가 매우 인상적이며, 이 또한 위계질서와도 관계가 있다. 안행랑채는 'ㄷ'자형의 평면에 16칸 규모의 긴 3량 집으로, 전면에 열 칸을 두고 날개채로 세 칸을 남북축으로 이어놓은 모습이다. 가운데 중앙 즉 대문과의 일직선 축에 중문을 두고, 좌우로 온돌방과 광, 안채 측간 등을 두었다. 안채와 가까운 'ㄷ'자형 끝에는 방을 한 칸씩 두어 대칭을 이루도록 했는데, 이 가옥의 특징 중 하나가 중심을 축으로 좌우 대칭이 되도록 설계되었다는 점이다. 중문은 중인방 아래를 강돌과 회벽으로 예쁘게 꾸민 화방벽으로 안행랑채의 중앙에 꾸며져 있는데, 문상방과 추녀 도리 사이에 화반으로 보이는 나무를 끼워 만든 문틀에 여러 장의 널을 이용하여 이은 대문을 달고 있다. 중문을 열면 정면 3칸 크기의 대청마루가 보이고 조금 더 들어가면 너무나 대칭적인 모습의 안채가 나타난다.

안채의 날개채는 중인방 아래에 살창을 대어 통풍과 채광을 하도록 꾸미고, 그 아래는 강돌을 이용한 화방벽으로 꾸몄다. 이곳은 안방과 건넌방에 불을 때는 아궁이로 크기와 모양도 동일한 모습인 것이 인상적이다. 안행랑채는 중문 칸이 두 칸의 규모로 되어 있고, 한쪽에 곡식을 탈곡하는 풍구와 맷돌들이 있어 곡식을 정미하던 장소로 보인다. 그리고 중문 옆으로는 한 칸 크기의 방이 있는데, 이 방은 중문을 드나드는 사람들의 심부름을 하던 하인이 머물던 장소이다. 그 옆으로는 두 칸의 헛간과 한 칸의 측간이 모서리에 자리하고 있다. 측간은 거름이 부족하던 시절에 이용하던 방법이 남아 있어 흥미롭다. 바닥을 깊이 파고 만든 측간이 아니라, 디딤돌 두 개를 바닥에 깔고 볼일을 마치면 긴 나무로 뒤에 있던 왕겨를 뿌린 후 뒤편의 한구석으로 밀어 놓으

중문으로 보이는 안채

중문으로 보이는 바깥대문 담장 아래의 아름다운 화단

뚜껑 있는 동구리를 형상화한 'ㄷ'자형 안행랑채

대칭적 평면이 인상적인 안채의 풍경

중문을 중앙에 두고 긴 행랑이 이어진 안행랑채

면 되는 방식이다. 다른 한옥에서는 보기 드문 매우 귀중한 사료이면서 당시의 사회 생활상을 생각해 볼 수 있는 사례이다.

안행랑채의 우측인 동쪽 편으로는 헛간과 많은 항아리들이 보관된 곳간이 있으며, 동쪽 날개 쪽으로 역시 세 칸 규모의 곳간이 있다. 여기에는 디딜방아를 놓았던 자리가 있으며, 주로 농자재를 보관하는 곳이다. 광채는 널판을 이용한 이분합문의 판문으로, 평소 광문을 닫으면 조그만 광창으로 약간의 빛만 들어오나 광문을 열면 광채 안에 조명이 없어도 작업이 가능하다. 이렇게 만들어진 이유는 광 안에서 누군가가 일을 하는 경우에 광문을 열어 놓아야 가능하고, 밖에서는 광 안에 누가 있다는 표시도 되는 효과도 얻을 수 있기 때문이다.

안채는 정면 다섯 칸에 측면 두 칸의 5량 규모로 되어 있는 홑처마

눈썹모양의 인방이 흥미로운 안채 측간과 문간방

팔작지붕 건물이다. 기단은 자연석을 외벌대로 쌓아 기단이 높은 다른 가옥의 안채와는 차이가 있다. 보통 안채의 기단은 위계를 위하여 정침은 높게 하고 좌우 날개채나 부속채는 낮게 하는데, 이 가옥은 지형의 특징인지 아니면 풍수적인 원인인지 모르나 전체가 외벌대 기단을 하고 있는 것이 특이하다. 비교적 넓적하게 다듬은 주춧돌을 사용하고 있는 안채의 기둥은 네모난 방형기둥을 세우고, 그 위에 소로를 수장한 창방과 보아지를 갖추고 있다. 이 가옥은 대칭이 특징이라 볼 수 있다. 안채에서는 창문의 모양과 보의 형태, 공간의 크기와 용도까지지도 거의 대동소이한 모습이다. 전면에 툇마루를 꾸민 세 칸의 대청마루를 두고, 건물 후면의 추녀 아래로 쪽마루를 달아 집 뒤의 넓은 텃밭으로 방에서나 대청에서 손쉽게 내려설 수 있도록 꾸몄다. 천장 가구를 보면,

대청 가운데 두 개의 대들보를 마루 섬돌 앞의 외진주에 걸고 나머지는 내주에 가구한 형태다. 대청 가운데 두 개의 대들보는 분합문 상부에 꾸며진 판벽을 통과해 기둥으로 연결되는 가구 기법이 이채롭다.

한편 안채의 천장 가구 모습을 살펴보면, 종도리는 중도리 사이를 꽉 찬 모양의 판대공으로 받혀지게 하고, 중도리는 동자주로 세워 대들보에 힘을 전달하는 가구 기법이다. 특히 방 위에 걸려 있는 합보는 활처럼 휜 나무를 이용하여 새가 날개짓을 하는 모습의 두 개 보를 합보로 하여 사용하고 있다. 합보 위에는 방의 조그마한 다락 광창이 대칭이 되게 꾸며져 있어 마치 독수리의 비상처럼 느껴지는 묘미를 보여준다. 안채는 외부에서는 지극히 대칭적으로 보이나 내부의 경우 안방에서는 안사랑채 쪽으로 미닫이문을 만들고 반침이나 전실을 두어 겨울에 차가운 웃풍도 막고, 또한 바닥이 마루로 구성된 덕택에 툇마루의 역할도 하는 구조로 되어 있다. 안방의 부엌 상부에는 다락을 두고 다락 아래에는 반침이 꾸며져 있다. 부엌에서도 흥미로운 부분이 발견되는데, 안방의 서쪽 벽 쪽으로 격자무늬 미닫이문을 크게 두고 있다는 점이다. 음식을 부엌 밖으로 나르지 않고 방으로 직접 전달할 수 있게 한 것이다.

특히 이 가옥의 안채는 천장 위에 비밀스런 벽장도 있다. 이 벽장은 대청마루 합보 위에 있으며, 마루널을 밀고 위쪽으로 열면 온돌방 위가 전부 다락으로 만들어져 있는데, 다락에서 보면 조그만 두 개의 넉살무늬 광창이 대청마루를 바라다보게 달려 있는 다락 형태다. 이 다락도 매우 캄캄하여 일상적인 생활용구는 저장하기 어려운 상황이다. 처음 이 집을 방문한 사람들은 찾을 수 없는 이 집만의 비밀스런 공간이며, 건넌방 상부도 같은 모양으로 꾸며져 있다.

한민족의 맑은 심성이 느껴지는 안채 대청의 표정

대청마루 대들보와 천장 가구

이 가옥의 안채는 반을 접으면 거의 같은 모양이 인상적이다. 그 중 부엌은 안방과 건넌방이 동일한 형태로, 문지방을 낮게 하면서 둥근 나무를 이용한 것까지도 똑같다. 부엌 벽의 구성도 인상적인데 벽을 네 칸으로 가로재를 이용하여 구분하고 있다. 상부에는 온돌방 다락의 광창을 기둥 중심에 꾸며 놓고 두 번째 칸은 흰색 회벽으로 처리하였으며, 세 번째 칸은 부엌문 쪽으로 붙여 허리를 접은 살창을 두었다. 세월의 연륜으로 표현 된 살창의 색감과 나무의 부드러운 곡선이 우아하게 느껴진다. 더욱이 하단부의 판벽은 딱딱한 회벽의 느낌을 부드럽게 하면서 판재 사이의 틈으로 바람이 부엌으로 들어 가벼운 연기가 부엌 천장 쪽으로 빠져나가게 하는 대류현상을 이용하고 있다.

온돌방도 건넌방과 대칭으로 안방의 어머니와 며느리가 동일한 조건에서 생활하도록 배려된 공간의 구성이 인상적이다. 고미반자틀로 꾸민 천장에 다락을 두고 있다. 또 안채에는 대청마루 외에도 밖으로 나갈 수 있는 방문을 여럿 두고 있다. 북쪽의 후원 쪽으로 이분합 덧문

율동미가 느껴지는 들보 위의 귀여운 다락창

을 달아 바로 후원으로 나갈 수 있게 하였다. 좌우 측면에 작은 툇마루를 꾸며 안방에서는 안사랑채로, 건넌방에서는 사당 쪽으로 쉽게 나갈 수 있도록 하였다. 또 건넌방 작은 툇마루는 안행랑채 추녀 아래로 연결되어 사랑으로 출입하는 비밀스런 통로의 역할을 한다. 이 길은 사랑에 있는 아들과 건넌방에 기거하는 며느리가 다니던 사랑의 미로였던 것으로 볼 수 있다. 양반의 체면을 중시하던 사회상의 일부를 보는 듯하여 실감나는 추리를 하게 된다.

대청마루에 앉아 안방의 북쪽 창문을 활짝 열어젖히면, 뒤편의 넓은 텃밭과 아름답게 꾸며진 장독대 주위의 화단이 눈에 들어온다. 담장 너머로는 청하산의 푸르른 녹음이 펼쳐져 있다. '정井'자형 나무귀틀로 꾸며진 우물가에 가을이 깊어지면 홍시가 주렁주렁 매달리고, 텃밭에서는 겨울 양식으로 이용될 채소들이 살을 찌운다.

안방과 건넌방의 부엌은 크기나 구조면에서 완전히 대칭을 이룬다. 다만 한 가지, 안방 부엌에는 안방과 직접 연결되는 작은 창문이 있는

안채의 바라지창으로 보이는 뒷뜰의 풍경화

반면 건넌방 부엌에는 이것이 없다는 점만이 다르다. 대신 건넌방 부엌에서는 이 부분에 선반을 매달아 촛병이나 음식의 간을 조절하는 간장과 소금 등을 올려놓도록 되어 있다.

이 가옥은 두개의 사랑채를 갖고 있는데, 그 중 하나는 안채의 서쪽편에 안사랑채가 자리하고 있다. 안사랑채는 원래 이 집을 짓기 전에 주인이 기거하기 위하여 만들어진 집이라고 하나, 안채가 지어진 이후로는 안채에 찾아온 손님들이 묵거나 장성한 딸들이 거처하는 별당의 용도로 사용되었다. 안사랑채는 전면 여섯 칸 측면 두 칸 반 규모의 팔작지붕으로, 안채와 같이 기단은 외벌대로 바닥에 납작하게 자리하고 있다. 평면의 가운데 두 칸이 대청으로 꾸며져 있고 좌우에 방이 배

안채 대청마루의 아름다운 예술과 조형미

치되어 있으며 서쪽에 전면 한 칸에 측면 한 칸 반 크기의 부엌이 있어, 여러 부분에서 건축적으로 흥미롭게 지어져 있다.

이 가옥 안사랑채는 안방과 건넌방, 그리고 대청마루까지 갖추고 있어서 사대부 양반가의 안채 규모로 구성되어 있다는 점이 인상적이다. 그리고 건축적으로 특별한 가구 모습을 볼 수 있는데, 먼저 대청의 기둥 간격이 온돌방의 기둥 간격보다 두 자 정도 작기 때문에 대청이 네 칸 규모임에도 불구하고 조금 좁아 보인다는 점이다. 더욱이 분합문이 있어야 할 대청문에 네 장의 격자형 미닫이문을 두고 안쪽으로 창호지를 발라 방문처럼 느껴진다는 것도 특이하다. 대청문의 내주 하나가 생략되어 개방적인 분위기를 연출하고 있다는 점도 이 가옥만의 특징

대칭인 부엌의 시선 집중

이다. 툇보는 약간 궁륭형으로 방형기둥과 조립되고 있는데, 보를 받치는 보아지가 보이지 않는다. 안방과 연결되는 방문은 격자형 창틀에 맹장지를 발라 분합문으로 두고 방문을 열어 대청마루를 넓게 쓸 수 있도록 하였다. 그리고 대청마루의 좁은 기둥 사이를 반으로 나누어 반은 외닫이 바라지창으로 띠살무늬 창문에 한지를 바른 형태로 꾸미고, 나머지 반은 회벽으로 마감하여 슬기롭게 표현하고 있다.

이 집 주위에는 여덟 채의 호지집(=노비집)이 있었다고 하나 지금은 집 앞에 한 채와 사당 뒤편으로 사람의 발길이 닫지 않을 것 같은 깊숙하고 후미진 곳에 협문을 두고 한 채가 복원되어 있다.

한편 이 가옥의 동쪽의 담장에 기대어 별도의 자그마한 담장으로 구획된 사당을 두고 있다. 외벌대 기단으로 만든 사당은 이 가옥에서 유

조왕신을 모시던 감실을 둔 건넌방 부엌

일하게 둥근 기둥을 사용하고 있는 맞배지붕 건물이며 측면에 방풍판을 달고 있다. 사당은 일각문의 출입문을 두었다. 사당은 한 칸 규모로 반 칸은 툇마루를 두고 나머지는 위패를 모시는 방으로 사용하고 있다. 작지만 소로수장집의 단청 없는 간결한 표현은 사당으로 엄숙함을 잘 반영하고 있다. 사당이 협소하기에 4분합문으로 문을 만들어 두 장을 겹쳐 처마 끝에 달려 있는 등자쇠에 문을 걸도록 꾸몄다. 특히 사당 좌우에는 커다란 동백나무를 심고 안채와 면하는 담장 아래에는 연분홍색이 아름다운 연산홍을 심었다. 이 나무들은 집을 지을 때부터 있어 심어진지 수 백년이 되었다고 전한다. 봄이면 이 꽃나무들의 꽃이 만개하여 사당 주위가 꽃들로 감싸 안은 모습처럼 되어 신비스러울 정도로 느낌이 좋다.

별당으로 사용되는 안사랑채

미닫이 창문이 달린 안사랑 대청의 조형적 아름다움

안사랑 대청의 바라지창

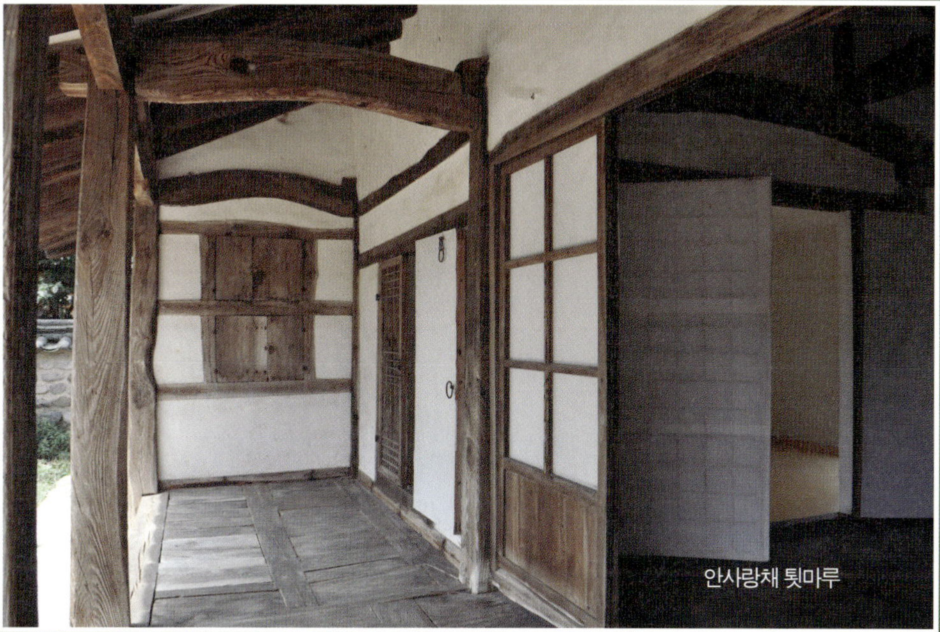

안사랑채 툇마루

분합문이 있어야 할 대청문을 격자형 미닫이 문으로 표현한 모습

보를 받치는 보아지가 없는 용마루 상부구조

조선시대 선비의 규율이 느껴지는 단아한 단 칸의 맞배지붕 사당

이 집은 스님이 설계하여 지었으며, 명당자리의 효과로 이 집을 짓고 크게 부자가 되었다고 전하는 창건 설화가 유명한 가옥이다. 그러나 지금은 빈 집으로 얼마 전까지 사람의 채취가 느껴지던 집이다. 명당자리로 12대까지 이어지리라던 땅의 기운은 6대를 넘기지 못한 채 빈 집이 되고 말았지만, 이 집에 서린 이야기와 전설과 아름다운 전통 건축의 미학은 아직 그대로 남아 우리 곁에 있다.

14 전남 고택들

구례 운조루 | 보성 강골마을 | 보성 열화정 | 이식래가옥 | 이용욱가옥
이금재가옥 | 낙안읍성 민속마을 | 낙안객사 | 영광 연안김씨종택

전남 고택들

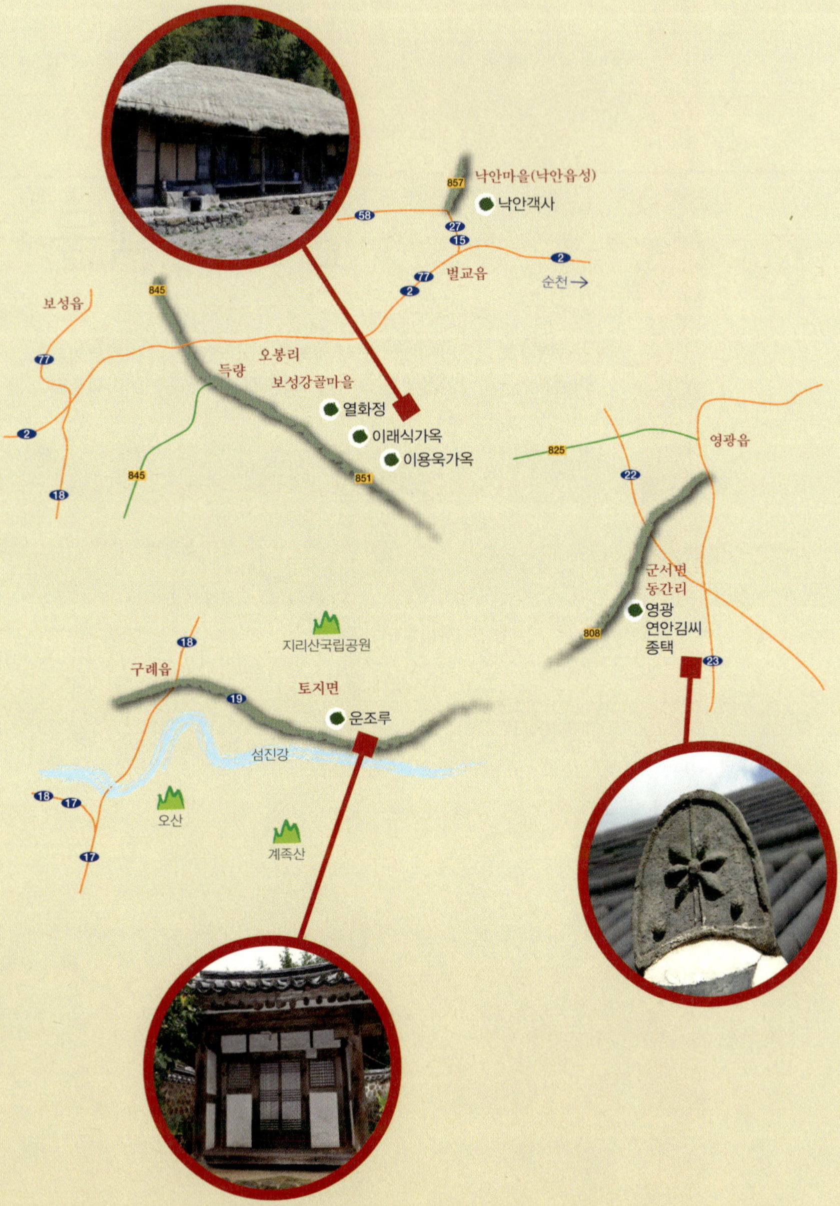

낙안마을(낙안읍성)
낙안객사
857
58
27
15
2
77
2
벌교읍
순천 →
845
보성읍
77
오봉리
득량
보성강골마을
열화정
이래식가옥
이용욱가옥
2
845
851
18
825
영광읍
22
군서면
동간리
영광
연안김씨
종택
808
23
지리산국립공원
18
구례읍
토지면
19
운조루
섬진강
18
17
오산
17
계족산

구례 求禮 운조루 雲鳥樓

중요민속자료 제8호 | 전남 구례군 토지면 오미리

1

지리산 남쪽 끝자락인 구례 오미리에는 금환락지(金環落地, 금가락지가 떨어진 명당)에 자리 잡은 대표적인 우리의 전통 누정인 운조루雲鳥樓가 있다. 운조루는 구름 속의 새처럼 숨어사는 집이라는 뜻으로, 오미동 유씨 집안 사랑채 누마루의 당호다. 운조루는 그 앞에 펼쳐진 너른 들판의 영화로운 시절과 슬픈 이야기를 한 몸에 담고 있으며, 호남지방의 대표적인 양반가옥이다. 이 집은 삼수공三水公 유이주柳邇胄가 지었다고 전해지며, 유이주는 낙안군수와 삼수부사를 지낸 무관이다.

창건 당시의 이 집터에 대해 전해지는 말에 의하면 '세상 모든 사람들이 이 집터를 길지라고 했으나 바위가 험하고 주변이 척박해서 그 누구도 집터로 생각하지 못하는 것을 이 집을 지은 유이주가 알아보고 이 땅에 집을 짓게 되었으니 지신은 이 것을 고맙게 여기어 수백 명의 장정을 동원하여 터를 닦았다.'고 전하고 있다. 유이주는 본래 대구 사람으로 이 금환락지의 명당에 매료되어 은퇴하면 이곳에 세거를 이룰 것을 작정하고 그때부터 운조루 건축 사업을 시작하였다고 한다. 짓기 위해 7년이라는 세월이 소요 되었다고 한다. 집안의 후손들에 의하면

지리산 맑은 물이 모여 연지를 이루는 운조루

이 공사를 마무리하고자 유이주가 함흥성 오위장으로 발령이 났을 때에도 축지법을 써서 하룻밤 사이에 천리길을 오가며 작업을 독려했다는 전설도 있다. 또 구례 오미동에는 금환락지와 더불어 3대 진혈인 금구몰니(金龜沒泥, 금거북이 진흙에 묻힌 자리)와 오보교취(五寶交聚, 다섯가지 보물이 쌓인 자리)가 있는데, 유이주가 잡은 터가 금구몰니 명당이라고 한다. 실제로 집터를 잡으면서 땅을 파보니 금구몰니의 명당을 입증이라도 하듯 어린아이 머리만한 돌 거북이가 출토되었다고 한다. 일반적으로 이 돌 거북 출토 위치가 안방이 되어야 하는데, 그렇게 하면 부엌에서 때는 불로 거북이 말라죽는다며 명당의 혈자리에 온돌이나 마루가 아닌 물을 가장 많이 사용하는 부엌을 배치하였다고도 전한다.

오보교취는 금, 은, 진주, 산호, 호박 등 다섯 가지 보물이 쌓여 있기 때문에 이곳에 집을 짓고 살면 하늘의 도움으로 부귀영화를 누릴 수 있다는 명당이다. 이 세 명당은 오미동 구만리 들녘에서 상대 중대 하대를 이루고 있는데, 이곳 사람들은 서로 자기네 집터가 그 자리라고 주장하고 있다.

운조루 진입로는 다른 전통 마을들의 진입로와 마찬가지로 산허리를 돌며 가는 곡선으로, 집이 보이다 안 보이다를 반복하여 찾는 이를 더욱 설레게 한다.

운조루에 전해오는 〈오미동가도〉와 현재 이 집의 공간 구조를 살펴보자. 먼저 운조루는 대략 1,000평이나 되는 비교적 넓은 대지에, 방형에 가까운 돌담장을 이루고 있다. 남쪽에 연지를 두고, 동쪽에서 서쪽으로 대문 앞을 흐르는 시냇물로 일차적으로 외부 공간과의 구역을 정리한 뒤에 대문간과 행랑채가 자리 잡고 있다. 중심부에는 안채를 두고, 남향의 건물군이 동서축으로 길게 배치된 장방형 이다. 큰사랑은 서쪽 방향으로, 작은사랑은 남쪽 방향으로 중심채인 안채와 연결되어 있다. 안채는 장독대가 있는 안마당을 중심으로 건물들이 각기 동서남북을 향하여 배치됨으로써 'ㅁ'자 형태를 이루고 있다. 아래채와 중문행랑채가 남향으로 길게 돌출되어 행랑채까지 연결되어 있었다고 하나 지금은 소실되었다. 행랑채는 바깥사랑마당과 안사랑마당을 가운데 두고 병렬로 마주 보면서 동서방향으로 길게 배치되어 있다. 이제부터 각 부분들을 좀 더 자세히 살펴보자.

구불구불 길을 따라 마을로 들어서면 우선 긴 행랑채와 연못이 있고, 뒷산에서 내려오는 시냇물이 동쪽에서 서쪽으로 고택 앞을 흘러 연지를 지나간다. 연지의 다리를 건너면 행랑채를 양 옆에 세우고 머리를 치켜든 대문이 나타난다. 대문은 배산인 병풍산과 어우러져 그 자

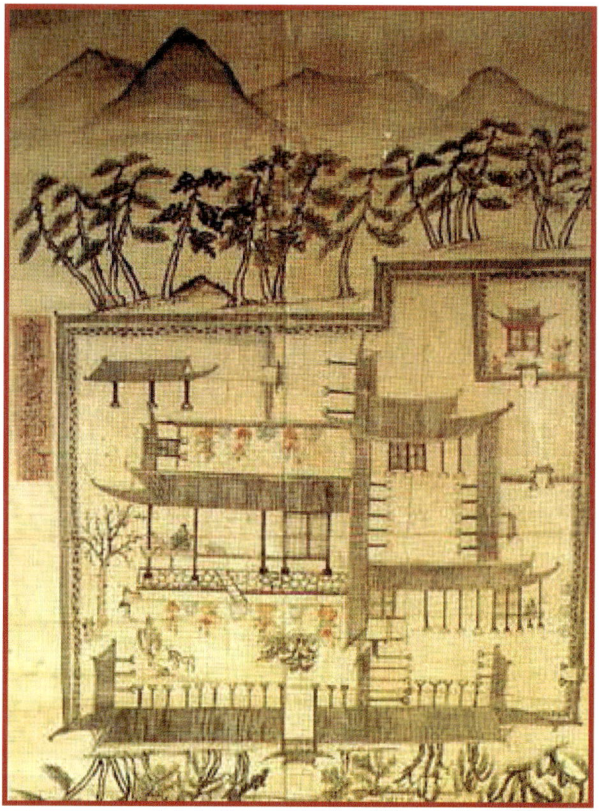

전라구례오미동가도
(운조루가 지어질 당시의 모습)

태를 뽐내고 있으며 권위와 위계가 느껴지는 듯하다.

대문에는 유이주가 문경새재를 넘다 물리쳤다는 전설의 호랑이 뼈가 걸려 있는데, 이는 벽사의 의미로 잡귀나 병마와 나쁜 일들이 집 안으로 접근하지 못하도록 막기 위함이다. 열린 대문 사이로는 사랑채와 안채로 들어가는 오르막길이 보인다.

운조루에는 세 개의 사랑채가 있었다. 그 중 큰사랑채와 아랫사랑채는 남아 있지만 안사랑채는 소실되었다. 큰사랑채는 둥글납작한 막돌로 쌓은 기단 위에 온돌방과 대청, 누마루로 구성되어 있다. 담 너머 바

집 앞을 흐르는 지리산 계곡물과 싸리 담장의 아름다운 운치

깥 자연의 변화를 느낄 수 있도록 높게 만들었다. 누마루는 좌우 한 칸을 내민 형식을 갖고 있으며, 북쪽에는 별도의 책방이 있어 학업에 전념하고자 했던 주인의 각오를 느낄 수 있다. 온돌방 앞의 툇마루로 오르는 섬돌은 통나무로 만들어 자연스러움과 소박함을 느끼게 한다. 큰사랑채는 바깥주인의 사회적 교류가 이루어지는 장소로, 주인의 일상적인 거처는 물론 내객들의 접대 및 문객들과의 대화 등을 위한 장소로 이용되던 곳이다. 아랫사랑채는 장성한 아들이 공부하던 곳이다. 반면 안사랑채는 주인 어른 내외가 노년에 집안일은 큰아들에게 맡기고 손자들을 돌보며 말년을 보내는 곳이었다 한다.

대문에 걸려 있는
벽사의 의미인 호랑이 뼈

큰사랑채에서 안채로 들어가는 중문 옆으로 난 툇마루 끝부분에 보이는 나무 판문은 안채에서 안대문을 열어 놓고도 사랑이 보이지 않도록 배려한 것으로 아주 튼튼하게 마루 귀틀과 기둥에 붙여 놓아 매우 인상적이다.

큰사랑방의 전면에는 기단이 높음에도 불구하고 안채로 오가는 사람들이나 사랑마당에서 심부름하는 하인들이 방 안 깊숙한 곳을 볼 수 없도록 머름을 두었다. 건물 내에서는 단 차이를 두어 누마루와 다시 한 번 공간을 구획하고 외부의 모든 문들은 띠살무늬 분합문으로 만들

큰사랑의 기단과 화계의 아름다움

통나무로 만든 디딤과 툇마루 귀틀의 어울림

활주를 받친 사랑채 누마루

었고, 필요에 따라서는 모든 문을 들어 천장에 달린 고리에 고정시킴으로써 공간의 개폐가 가능하도록 했다. 모든 문을 들어 올리면 밖이 안이고 안이 밖인 것처럼 느껴지는데 이는 남부 지방 가옥의 특징이거나 주인이 자연을 자신의 공간으로 최대한 끌어들이려는 의도에서 비롯된 것일 수도 있다. 따뜻함이 그리운 계절에 툇마루에 걸터앉아 책이라도 보면 태양의 따뜻한 온기가 엉덩이로부터 전달되어 포근함을 느끼게 한다.

큰사랑채 뒤쪽에는 별도의 작은 책방이 마련되어 있다. 이 방은 과거를 준비하는 공부방으로, 여기서 공부한 자손들이 5대째 장원급제를 할 정도로 이 집에서는 중요한 공간이다. 일단 방의 위치가 가옥의 뒤

큰사랑채 뒤편의 책을 보관하던 책방과 쪽담의 만남

쪽에 위치해 외부와 단절되어 있고 안채와도 거리가 있어 가장 구석에 위치하며, 조용한 공부 환경을 조성하기에 알맞게 되어 있다. 방의 출입문 또한 작아 출입을 통제하며, 내부에 들어가 보면 작은 창문 하나와 쪽문이 하나 있는데 창은 이중창으로 되어 있어 한 번 더 외부와 단절되도록 구성되었다. 모든 출구를 자유의지로 통제할 수 있어 공부의 효율성을 증대시켰다.

아랫사랑채는 장성한 아들이 묵는 방으로, 집안의 가훈을 교육받는 장소이자 공부방이었다. 본래는 여기에 행랑과 연결되는 건물이 있었으나 현재는 그 일부가 소실되어 기둥에 연결되던 인방의 맞춤 부분 흔적만 남아있다.

운조루의 안채는 현재 사랑채와의 사이에 있는 중문을 통하여 드나

중문으로 오르는 작은 사랑

안마당과의 연결되는 아래사랑채의 후면

큰사랑채 분합문으로 바라보이는 누마루

큰사랑채 누마루의 아름다운 부채살모양의 선자연

큰사랑채 온돌방

운조루 안채

안주인의 손길이 느껴지는 안채 대청마루 선반

안채 건너방 벽화의 아름다움

거북이를 닮은 부엌앞의 맷돌

난간이 꾸며진 아이들과 며느리들이 쉬는 2층 다락의 날개채

웃어른이 쉬는 2층 다락이 꾸며진 동쪽 날개채

들게 되어 있다. 북쪽에 골방이 붙은 안방은 안주인의 거처이며, 대청은 사랑대청과 마찬가지로 안방과 건넌방 사이에 위치하여 이들 방으로 출입하는 전실의 역할을 하는 동시에 집안의 큰일을 치루는 중심이 된다. 또 주로 자녀들이 거처하는 방과 며느리의 방으로 이용되는 건넌방, 안방의 난방과 주방의 역할을 겸하는 안방부엌 및 평상시 난방만을 하는 건넌방 부엌, 그리고 음식물 및 김칫독을 보관하는 찬방, 곡식을 보관하는 곳간 등으로 구성되어 있다.

다른 고택과 다른 점이 있다면 안채를 중심으로 양쪽의 날개가 2층으로 이루어진 점인데 위계에 따라 형태가 다르게 구성되어 있다. 안채에서 바라볼 때 왼쪽 2층에 꾸며진 다락은 웃어른이 쉬는 장소이고 오른쪽 2층은 아이들과 며느리들이 쉬는 곳이다. 웃어른들이 사용하는 공간은 창의 형태에 좀 더 세심하게 신경 썼고 난간이 있어 아래를 조망할 수 있도록 했다. 또 내부에는 밖을 바라볼 수 있는 창이 있다.

안채 부엌은 현재도 사용 중이며 아궁이의 연기로 인해 자연 훈증처리가 되어 벌레가 살 수 없다고 한다. 부엌에 들어섰을 때 매우 어두워 음식이나 제대로 할 수 있었을까 싶지만 사랑뒷마당으로 연결되는 문의 판자 틀 사이의 듬성듬성한 틈으로 햇빛을 끌어들이고 있어 간간이 스며드는 빛이 효과적으로 부엌을 밝히고 있다.

행랑채는 사랑채와 안채의 남쪽에 배치되어 '一'자형을 이루고 있는 18칸의 긴 행랑채를 갖고 있다. 행랑 중앙에 배치된 솟을대문을 비롯하여 측면 한 칸 전면 열한 칸으로 된 동행랑과, 일곱 칸으로 된 서행랑으로 이루어져 있다. 현재 행랑채의 용도는 예전과 많이 달라졌다. 서행랑의 경우 현재 창고 및 헛간으로 쓰고 있으나 본래는 서단의 두 칸은 가빈터, 세 번째 칸은 마구간, 대문간에서 서쪽으로 첫 문간방은 청

안쪽에 초빈이 있는 행랑채의 서편 모습

장례를 위한 가빈터(초빈)

안채의 기단과 멋스러운 섬돌

큰사랑채로 연결되는 담장의 동선

큰사랑채에 보관 중인 가마

아름다운 마음을 알리는 뒤주(타인능해)

지기방이었으며, 그 외의 칸은 노비들의 거처였다. 동행랑은 대문간에서 동쪽으로 세 번째 이하의 칸은 노복들이 거처하던 곳이었고, 다섯 번째 칸에는 안주인이 외부로 출입하는 문이 있었다. 이 집의 행랑채에 붙은 측간은 냄새를 줄이기 위하여 바닥을 높이 띄운 2층 형식으로 만들어져 있어 상당히 과학적인 모습을 느끼게 한다.

그리고 이 집의 특별한 시설로 별도의 초빈이 행랑채 서쪽 끝에 마련되어 있는 점이다. 집안에 장례가 생기면 행랑채 서쪽 끝을 초빈으로 사용했다. 대부분의 사대부 집에서는 행랑채의 서재를 장례 때만 사용하는 경우도 있으나 이 집에서는 가빈터만의 용도로 사용한 것이 특징이다. 초빈인 가빈터에서는 운명 후 3일이 지나 입관한 후 이곳에 3개월 동안 안치되었다가 출상한다. 안치 기간 중 조석으로 상식을 올리고 상망에 제례를 지냈다 하니 가족과의 이별을 얼마나 아쉬워했는지 짐작할 수 있다. 현재는 거의 텅 비어 있지만, 행랑채만으로도 고택의 규모와 주인의 권세를 알 수 있을 것 같다.

운조루에서 특히 눈여겨볼 필요가 있는 부분은 주춧돌들이다. 운조루를 떠받치고 있는 주춧돌은 다양한 크기와 모양의 자연석을 그대로 사용한 것이 특징이며, 자연을 해치지 않고 조화롭게 동화하려는 정신이 담겨있는 것을 알 수 있다. 그 중에서 큰 사랑채의 누마루를 떠받치는 누하주를 받치는 주춧돌만 8각 기둥으로 세워 천지인을 뜻하는 천원지방의 사상을 엿볼 수 있다. 이는 집 주인의 간절한 염원을 받치는 의미도 갖고 있어 더욱 정감 있는 부분이다. 특히 나무 기둥 아래에 기둥과 벽을 약간 띄워 숨구멍을 만든 것은 남부지방에서 흔히 보이는 방법으로 나무가 상하지 않게 하기 위한 것이다. 아울러 기둥 아래에 하얗게 보이는 것은 건물을 세울 때 기둥의 하단부분이 습기에 취약하므로 소금을 놓고 기둥을 세우기 때문에 생긴 얼룩이다. 이것은 소금버캐라고도 부르며 보존을 위한 과학이 숨어 있다.

주춧돌과 더불어 눈에 띄는 것으로 기둥이 있다. 운조루에는 둥근기둥과 사각기둥이 공간의 기능과 위계에 따라 다르게 사용되어 공간의 격을 달리하고 있다. 둥근기둥은 권위를 상징하여 일반 사대부 주택에서는 사용할 수 없지만 예외적으로 운조루의 몇 군데에서 둥근기둥이 보인다. 큰사랑채 마루와 안채의 전면 마루 부분, 그리고 사랑 뒷마당 옆 독방의 기둥이 둥근기둥이다.

운조루에서는 우리 전통 가옥의 기단 구성에 대해서도 많은 것을 배울 수 있다. 운조루에서는 행랑채와 큰사랑마당 및 안사랑마당이 가장 낮은 위계이며, 다음으로 안채의 남쪽 곳간채, 안마당, 큰사랑채 뒷마당, 안채와 안채부엌마당, 후원, 사당의 순으로 높아진다.

각 공간의 위계에 따라 단 차이를 두어 공간을 정의하였다. 특이한 점은 다른 고택에서는 찾아볼 수 없는 경사로를 사용한 점이다. 이는 웃어른을 배려한 것으로, 가마가 큰사랑채까지 바로 들어갈 수 있도록 한 것이라고 한다.

운조루의 담장들도 볼거리다. 운조루의 담장들은 서로 맞물려 공간을 닫는 것이 아니라 조금씩 틈을 두고 있어 동선의 흐름을 이어가며 유기적 연결을 시도한다. 주택의 영역을 한정하는 담장은 시간의 흔적을 나타내고 있으며 자연 풍화된 형태는 자연과 조화된 모습을 보이고 있다. 인위적이지 않은 자연스러움이 선인들의 정신과 닮아 보여 편안하고 서정적인 분위기를 자아낸다. 운조루의 외곽 담은 산의 형태를 그대로 따라 올라가 층을 이루며, 이렇게 겹겹이 쌓아 올려진 형태는 공간의 깊이를 더하고 미적가치를 상승시킨다.

작은사랑 앞 굴뚝의 비밀

운조루의 문과 창도 눈여겨볼 필요가 있다. 우선 큰사랑채 방문은 머름을 꾸미어 문지방을 높여 약간 높게 달았다. 머름대는 아래로 불어 들어오는 웃풍을 막고 미닫이문과 덧문의 문틀로서도 사용하는 다기능 부재이다. 문의 형태도 격자형 미서기문의 속문에 겉 문인 세살문을 이중문으로 달아 외부의 온습도 변화로부터 보호받을 수 있도록 되어 있다. 또 우리 전통 가옥에서는 창과 문은 공간과 공간을 연결해 주는 매개체이면서 공간을 공간 속으로 끌어들이는 역할을 한다. 특히 우리의 전통가옥에서는 공간의 위계나 기능을 건물의 형태에 직접 표

서로 공간을 맞물려 동선의 흐름을 이어가는 유기적 연결이 부드러운 운조루의 담장

단 칸 크기의 툇마루를 든 운조루의 사당

현하므로 창과 문의 크기가 다양해 풍경을 실내로 끌어들이는 요소가 되며, 서양 액자가 한 가지 크기라면 우리의 액자는 다양한 크기로 다양한 풍경을 제공한다.

운조루에는 두 가지 큰 자랑거리가 있다고 한다. 첫째는 '타인능해他人能解'라는 글이 새겨진 큰 쌀독이다. '누구든 이 쌀독을 열 수 있다.'는 뜻이며, 흉년이 들었을 때 굶주린 사람들에게 이 쌀독을 열어 구제했다는 말이 전해오고 있다. 쌀독에는 두 개의 구멍이 있는데 한 개의 구멍에 꽂혀있는 나무를 돌리면 다른 한 개의 구멍에서 쌀이 쏟아져 나왔다고 한다. 그러나 안타깝게도 여기 꽂혀 있던 나무는 도둑을 맞았다고 한다.

운조루의 두 번째 자랑거리이자 이 집만의 특징 가운데 하나가 굴뚝이다. 운조루에는 첨탑과 같이 하늘 높이 쌓아올린 멋들어진 굴뚝이 없다. 운조루의 굴뚝은 전혀 예상치도 못했던 곳에, 눈에 잘 띄지도 않게 숨어 있다. 밥 짓는 연기가 멀리 퍼지는 것을 막고자 함이며, 끼니를 거르는 사람들이 이 집의 굴뚝 연기를 보면서 더욱 소외감을 느끼지 않도록 배려한 것이라고 한다. 굴뚝이 높아야 연기가 잘 빠진다는 것을 집 주인이나 목수가 몰라서 굴뚝을 이처럼 낮게 만든 것이 아닌 것이다. 작은 것에도 배려를 아끼지 않던 우리 조상들의 아량이 운조루 굴뚝에 남아 있다.

이 가옥은 동쪽 뒷편에 별도의 담장을 두고 사당을 배치하고 있다. 사당은 일각문을 통하여 사랑과 연결되고 안채와는 건너방 부엌문과 연결되어 있다. 사당 건물은 단칸크기로 툇마루를 두고 중앙에 이분합문으로 꾸며진 출입문과 좌우에 격자 무늬의 광창이 꾸며져 단아한 모습을 하고 있다.

보성寶城 강골마을

2

• • •

보성에서 낙안읍성 쪽으로 가다보면 보성군 득량면 오봉리, 속칭 강골마을이 나온다. 강동江洞이라고도 불리는 마을이다. 11세기 중엽 양천허씨가 처음 터를 잡은 뒤, 원주이씨를 거쳐 16세기 말에 광주이씨廣州李氏가 들어와 정착하면서 광주이씨 집성촌이 되었다. 마을에는 조선 후기의 전통가옥 30여 채가 오봉산五峰山을 바라보면서 작은 골짜기 안에 옹기종기 모여 있다. 마을 곳곳에 벚나무, 목련, 석류나무 따위의 고목들이 솟아 있고, 가옥과 가옥 사이에는 담쟁이덩굴과 대나무로 뒤덮인 돌담길이 이어지면서 한옥의 전형적인 씨족마을 모습을 잘 보여준다. 특히 동백꽃이 활짝 필 때면 남도 전통 마을의 정취가 물씬 느껴진다.

이 마을에 남아 있는 가옥의 대부분은 19세기 이후 광주이씨 집안에서 지은 것들로, 득량만과 평야에서 부농이 된 사람들이 지은 조선후기의 건물들이다. 현재 남아 있는 조선시대 한옥마을 가운데 원래의 모습을 고스란히 간직하고 있는 몇 안 되는 마을 가운데 하나이기도 하다. 규모는 30여 채밖에 되지 않으면서도 이금재李錦載가옥, 이용욱李

마을 뒷산과 고목이 어울린 전통한옥, 그리고 전라도 옹기의 풍만한 표정

남도의 봄을 알리는 담장 위의 빨간 동백꽃

容郁가옥, 이식래李湜來가옥 세 채와, 열화정悅話亭이라는 1개의 정자가 중요민속자료로 지정될 만큼 역사적, 문화재적 가치가 높은 곳이다. 이 가옥들은 앞뜰에 연못을 만든 것도 특징인데 19세기 중엽부터 20세기 초에 걸쳐 세운 것으로, 안채, 사랑채, 행랑채, 헛간채와 안마당, 사랑마당 등을 갖추었다. 특히 마을 중앙에 있는 이용욱가옥에는 조선시대 양반 가옥의 전형을 보여주는 솟을대문이 솟아 있고 농사를 이용하여 부자가 된 만큼 넓은 사랑마당과 안마당, 그리고 사랑채보다 넓은 곳간을 가지고 있는 것이 특징이다. 또 안뜰에는 절구통, 맷돌, 연자방아 등 곡식을 가공하는 도구들이 많아 한쪽 화단에 꽃 대신 이것들을 전시해 놓은 것도 볼거리다.

보성寶城 열화정悅話亭

중요민속자료 제162호 | 전남 보성군 득량면 오봉리 230

3

열화정은 마을에서 가장 높은 위치인 숲 가운데 자리 잡고 있는 고택으로, 둘레의 숲을 그대로 살려 아름다운 공간을 연출하는 전통적인 한국 조경의 수법을 잘 간직하고 있는 곳이다. 1845년(헌종 11)에 이재 이진만李鎭晩이 후진 양성을 위해 건립하였다. 동향으로 위치한 정자에는 '백사문白沙門'이라는 현판이 걸려 있는 일각대문이 서 있다. 문을 들어서면 'ㄱ'자 형태의 누마루를 갖춘 집이 자리한다. 온돌방의 전면에는 툇마루를 두고 대청마루와 누마루를 하나로 연결하고 뒤쪽으로는 헛기둥을 일렬로 세워서 헛퇴를 달아 정자에서 사방의 경치를 감상하기에 적절하게 만들어 놓았다. 팔작지붕으로 된 이 정자는 자연석 허튼층쌓기의 기단 위에 위치하며, 높은 덤벙 주초 위에 두리기둥을 세웠다. 기둥머리는 굴도리에 장여를 받치고, 소로를 끼워 장여 모양의 창방昌枋을 받쳐 고졸한 정자의 면모를 갖추고 있다. 종도리는 장여만 받쳤으며, 사다리꼴 판대공으로 지지하는 들보는 네모꼴로 모서리를 둘렀고, 굽은 부재를 사용하여 생동감을 느끼기에 충분하다. 평면 중앙에 있는 두 칸의 온돌방을 아랫방과 윗방으로 구분하고,

안대문과 누마루의 연결 돌계단의 자연미

앞쪽으로 돌출하여 두 칸은 누마루로 만들었다. 누마루의 앞과 양측에는 쪽마루를 내밀어서 계자 난간을 시설하였다. 돌출된 난간 밑에 누마루를 세웠고, 그 앞에는 활주를 두 개 세워 안정감을 더하고 있다.

마당 앞에는 연못이 있는데, 주변에는 몇 점의 괴석을 배열하였다. 봄에는 벚꽃과 목련꽃, 철쭉이 흐드러지게 피어나며, 여름에는 연지의 연꽃과 배롱나무 붉은 꽃이 피어 그 경치가 매우 아름답다. 여기에 사시사철 푸른 대나무가 담장 밖에서 정자 뜰을 감싸 안으면 주변의 숲과 잘 어울려 전통적인 한국조경의 수법을 실감나게 보여준다.

출입문인 백사문과 쪽담의 배치

이 정자는 이진만의 손자 이방회李訪會와 당대의 석학 이건창李建昌 등이 학문을 논하던 장소이며, 정자 맞은편 안산에 만휴정晩休亭을 세워서 자연의 정취를 느끼며 즐겼다 하나 지금은 흔적만 남아 있다.

이식래가옥 李湜來家屋

중요민속자료 제160호 | 전남 보성군 득량면 오봉리 414

4

● ● ●

강골마을 어귀의 낮은 고개를 넘으면 첫 번째로 나타나는 집이 이식래가옥이다. 지금은 싸리담장을 없애서 승용차가 사랑마당으로 직접 들어갈 수 있도록 되어 있지만, 예전에는 마을길에서 골목길로 접어들어가다 이용욱가옥의 담장을 따라 다시 조금 더 들어가면 초가집으로 된 사랑채와 담장을 '一자'로 연결시킨 초가집 문간채가 나타나는 구조였다. 이 집에는 별도의 바깥 대문이 없다. 사랑마당 앞 텃밭의 주위로 싸리나무 울타리가 있는 것을 보아서는 죽담이 아닌 나무로 이어 엮은 바자울의 울타리에 사립문이 있었을 것으로 보인다. 특히, 가옥의 건립시기에 대해서는 문간채 상량문에 '숭정 기원후 오주갑 신묘년(1891)'이란 기록이 있다.

이 가옥은 사랑채와 문간채, 안채는 초가집으로 되어 있고, 장독대와 곳간만 기와집으로 만든 것이 특이하다. 사랑채에는 넓은 사랑채마당이 마련되었다. 사랑마당 뒤에 사랑채가 앉고, 서쪽에는 행랑채가 동향으로 배치되었다. 누마루가 없는 사랑채 대청은 아주 소박한 느낌을 주며, 담장이 싸리담장으로 되어 있어 이 집 사랑채에 앉아 있으면 마

토벽의 느낌이 좋은 사랑채 후면

을길을 오가는 동네 사람들이 아주 가깝게 느껴지도록 되어 있다.

사랑채는 넓적하고 큰 판석을 한줄 돌리고 납작하고 평평한 돌을 얹은 형태의 기단 위에 전면 네 칸 규모이고, 측면 한 칸에 앞뒤로 반 칸 규모의 툇간을 이은 형식이다. 초석은 자연석을 약간 가공하여 사다리꼴 형태로 만들고, 그 위에 네모난 방주 기둥을 세운 민도리집이다. 서쪽으로부터 부엌, 아랫사랑방이 있고, 문 앞 기단까지 이어지는 조그맣고 앙증맞은 툇마루가 있으며, 두 칸의 윗사랑방, 대청마루가 있다. 대청의 구조는 2고주高柱 5량의 납도리집으로, 대들보로 지붕의 종도리를 받치는 대공은 단순한 일자형 동자주를 세우고 대들보는 방형이다.

둥그런 초가지붕과 황토벽의 어울림

문간채의 대문과 외양간 토석벽의 자연미의 극대화

정성이 묻어나는 장독대의 기와 대문과 담장

사랑채 뒤편에는 대청마루와 두 개의 온돌방인 아랫사랑방에서 안채로 갈 수 있는 문을 각각 만들고 섬돌을 놓았는데, 더운 여름에는 이 문을 열면 바람이 직선으로 사랑채를 통과하도록 한 지혜가 돋보인다.

문간채는 바깥쪽으로 사람의 허리까지 추녀를 낮추고 흙으로 벽을 쌓고 널판지문을 달았는데, 문간채이면서 동시에 소 외양간으로 사용되던 곳이다. 문간채에 들어서면 장독대 담장이 내부 시선을 가리고 넓은 안마당이 펼쳐진다. 안마당 서쪽에는 곳간채가 동향으로 위치하고, 그 앞에 장독대를 배치하였다. 안채는 다섯 칸의 납도리집으로, 2고주 5량인 초가집에 대공臺工은 둥근꼴 판대공이다. 기둥은 방주이고 자연석을 약간 네모나게 가공한 주춧돌을 사용하였으며, 2벌대 자연석

부농의 집답게 기와집에 기둥의 배열이 예사롭지 않은 곳간채

허튼층쌓기로 하고 갑석을 한 줄 더 올린 기단을 만들어 집을 앉혀 놓았다. 서쪽으로 툇마루를 두고, 앞 칸에 작은 방, 뒤 칸에 뒷방을 두었다. 안채의 중간에는 부엌이 딸린 두 칸의 온돌방과 마루를 달았으며, 건넌방을 두고 툇마루를 설치해 밖으로부터 방으로 들고나도록 하였다. 부엌 앞에는 우물을 만들어 놓았는데, 그로 인해 집의 중심이 이 부엌과 우물이 있는 안채로 모아지는 느낌이다. 특이한 것은 건넌방 벽이 옆집 담과 일체가 되어 뒷담으로 이어지는 담장을 쌓았다는 점인데, 이것을 뒤로 구부려서 좁은 후원을 만들었다.

이 집은 또 장독대가 특이한데, 옆집인 이용욱가옥의 곳간채에 기대어 기와 담장을 막고, 그 사이에 일각대문을 따로 마련하였다. 이 집에서 가장 화려한 건물로, 초가집인 건물에 돌과 흙으로 담장을 쌓고 상부에 기와를 이용한 장독대와 담장이 안 어울릴지 모르나 이 집의 주인은 음식물에 대한 남다른 배려가 있었던 것으로 짐작된다. 이렇게 장독대를 별도의 담장으로 만들어 보관하고 음식을 중요하게 여기는 관습은 전라도 지방에서 많이 볼 수 있다.

곳간채는 안마당 서편에 높은 기단을 만들고 중앙에 세 칸을 두고 한 칸은 대청마루로, 두 칸은 판벽으로 만든 판문의 곳간을 두었다. 그리고 이 건물의 특징인 1/3칸 규모의 퇴를 끝에 두어 한 쪽은 안측간으로, 다른 한 쪽은 기둥만 내세운 형식으로 된 우진각지붕의 기와집으로 만들어 좀처럼 보기 드문 구조를 보이고 있다. 얼른 보면 가냘픈 기둥으로 인해 혹시 지붕이나 내려앉을까봐 받쳐 놓은 기둥처럼 만든 것이 우리를 당황하게 한다. 이것은 염려일뿐 우리 전통한옥만의 안전함이 있는 것이다. 4벌대로 높게 기단을 쌓은 곳간채와 소중하게 생각했던 장독대와 함께 기와집으로 만든 것을 보면 이 집이 농사를 통한 부농이라는 증거가 되기도 한다.

이용욱가옥 李容郁家屋

중요민속자료 제159호 | 전남 보성군 득량면 오봉리 243

5

• • •

이식래가옥과 붙어 있는 이용욱가옥은 강골마을의 중앙에 위치하며, 이 동네에서 가장 규모가 큰 건물이다. 정방형에 가까운 담장을 꾸미고, 솟을대문의 행랑채는 소로를 수장한 가구구조에 겹처마로 화려하고 웅대하게 지은 높은 솟을대문이 있다. 대문채에는 팔작지붕으로 좌우에 온돌방과 창고를 두어, 하인들이 기거했던 것으로 보인다. 대문에 들어서면 커다란 사랑마당 우측으로 사랑채가 있고, 약간 좌측으로 빗대어 안대문과 안채에서 쓰는 곳간, 그리고 안채측간이 있다. 바깥대문 앞쪽에는 커다란 나무 아래 움푹 들어간 곳이 있는데, 본래는 연못이 있던 자리다.

사랑채는 막돌허튼층쌓기로 세벌대의 기단 위에 전면 네 칸과 작은 툇칸을 만들고, 중앙에 두 칸의 온돌방과 한 칸의 대청마루를 두었다. 4분합문으로 문을 만들고 그 옆으로 판문을 달아 뒤편의 공부방과 사당으로 가는 문을 만들었다. 사당은 서쪽에 한 칸의 마루공간이 있고, 사랑채와 담이 트인 공간으로 안채와 연결시켜 놓았다. 즉, 외곽담은 있으나 내부공간을 구분하는 담이 없는 형식이다. 팔작지붕에 납도

이중담으로 성문에 들어가는 느낌을 주는 대문

리집으로 종도리만 굴도리로, 대공은 둥글게 어깨를 굴린 판대공이다. 주춧돌은 덤벙주초에 그랭이질을 하여 전면에 두리기둥을 세운 모습이다. 이와같이 조선시대 전성기에도 민가에서 좀처럼 사용하기 어렵던 기둥을 세울 수 있었던 것은 권력을 떠나 시대의 흐름에 따라 세상이 많이 변하고 있었음을 느끼게 하는 곳이다. 팔작지붕으로 된 사랑채로 오르는 길은 두 개의 계단을 올라 온돌방 앞에 한 개, 대청마루에 한 개 놓인 섬돌을 이용하도록 되어 있다. 마치 격식을 강조하는 사당이나 관청 건물의 기단 같은 규율이 느껴진다. 또 넓은 사랑채의 마루에 앉으면 솟을대문 위로 오봉산 정상이 보이는데, 이곳에 앉아서 보면

넓은 사랑마당과 중문채의 단아한 모습

바위가 책을 보며 앉아 있는 듯한 형상의 바위가 보인다. 따라서 이 집 사람들이 공부를 잘 할 수 있도록 집을 세웠다는 이야기가 전하고 있다. 지금은 후손들이 사랑채 우측 뜰에 있는 오래 된 철쭉나무에 깃들인 조상의 얼을 생각하자며 축제를 열기도 한다.

안채는 중문채보다 높은 단을 만들어 자리하고 있다. 넓은 마당이 있고 전후좌우로 다섯 칸과 한 칸 반 크기다. 동쪽에 부엌을 두었고, 이어 큰방, 중앙 두 칸은 대청, 맨 끝이 작은방이다. 안채는 두 개의 계단석에 작은 자연석을 약 다섯 줄 정도 쌓은 기단 위에 있다. 또한 기단 위에 네모꼴로 약간 가공된 초석을 전면에 놓고 있는데, 다른 기둥

담장의 연결이 독특한 사랑 옆의 소리샘 담장

들의 초석은 자연석을 이용한 덤벙주초를 사용하고 있다. 비교적 두툼한 방주를 세운 마루는 건물 전체에서 마루를 앞으로 내세운 형식이다. 가구형식은 홑처마 납도리에 장여를 받쳤고, 보 밑에는 보아지를 끼웠다.

특히 이 가옥의 안채에서 볼거리는 대청마루 안에 별도의 판자를 5단 연결하는, 대개 곳간에서나 보이는 문의 형식을 가진 반 칸 규모의 창고가 마루에 달려 있다는 것이다. 마루 끝과 부엌으로 들어가는 경계에는 판벽에 선반을 만들어 공간을 활용하면서, 부엌에서 나오는 연기를 막도록 서까래 아래까지 판자로 막은 모습이어서 우리 조상들의

안채 마당과 연정 앞의 풍광

안채의 두툼한 방주 기둥과 팔작지붕

안방의 누마루와 마루 앞 살창의 예술

곳간채의 회벽과 나무 골조의 규율과 조화

연자방아, 맷돌, 확돌 등이 모여있는 연암 앞 우물가와 안채

지혜를 느낄 수 있다.

서쪽 안방에는 반 칸 자리 누마루를 설치하고 서편의 마루와 연결하여 비교적 넓은 마루공간을 두었다. 안주인은 이 누마루에 앉아 안채로 들어오거나 나가는 하인들의 행동을 관찰함과 동시에, 이곳에서는 아무런 장애물에도 시선을 빼앗기지 않고 오봉산의 위용을 감상할 수 있도록 되어 있다. 난간을 갖춘 이 누마루에서는 사랑에서 보이는 공부하는 모습의 오봉산 봉우리가 더욱 정확하게 보이기도 한다.

장독대는 안채의 서쪽에 위치한 광채와 누마루 사이의 모퉁이 공간에 있는데, 겨울에 눈이 내려 항아리 뚜껑 위로 하얗게 눈이 쌓이면 담

잘 정돈된 삶의 맛이 느껴지는 장독대

장 곁에 심어진 푸르른 대나무와 아름다운 하모니를 이룬다. 여름에 비가 올 때면, 장독대로 떨어지는 빗물 소리를 들으면서 하루 종일 바쁜 일손을 멈추고 서정적인 분위기에 심취될 수 있는 조용한 공간이기도 하다.

동쪽으로는 '연암連庵', '원암元庵'이라는 현판과 '효제충신孝悌忠信' 등 다양한 주련이 걸려있는 사당 겸 서재 건물이 있는데, 이곳은 이 가옥에서 집 주인이 가장 심혈을 기울여 관리하는 건물이다. 이 서재의 현판에서 보듯이 자연과 함께 학문에 전념하려는 주인의 마음과 유교 정신을 실천하고자하는 모습이 그려진다. 연암의 대청마루는 사분합으로 구분하고 온돌방에는 부엌 위에 벽장이 있는 온돌방이 있다. 또한 수평으로 가로지른 나무인 인방과 문설주의 반듯한 목재가 그대로 노출되고, 그 사이의 벽에만 벽지를 바르는 형식을 하고 있다. 한옥의 내부에서도 목재의 부드러움을 느껴보고자 하는 주인의 의도를 엿볼 수 있다.

이금재가옥 李錦載家屋

중요민속자료 제157호 | 전남 보성군 득량면 오봉리 228

6

• • •

이금재가옥을 답사하기 위해서는 이용욱가옥과의 사이에 있는 우물가를 꼭 보아야 한다. 이 우물은 '소리샘'이라는 특별한 우물이자, 강골마을의 공동우물이다.

소리샘이 있는 땅은 원래 이용욱가옥 소유지만, 워낙 마을에 식수가 귀하다 보니 우물을 파고 마을사람들을 위해 개방했다 한다. 이용욱 가옥의 사랑마당에 약간 돌출되어 마련된 이 우물에서는 담에 구멍을 뚫어 놓은 모습을 볼 수 있다. 이 집의 후손들에 따르면, 예부터 우물가는 많은 동네 아녀자들이 모여 이야기도 나누고 여러 소문이 전달되던 곳이었기 때문에, 동네 사람들의 소식을 듣기 위해 이와 같이 우물가 담에 구멍을 만들었다고 한다.

이금재 가옥은 이 마을의 모든 집들이 그러하듯이 이 가옥도 오봉산五峰山을 바라보는 남향집이다. 안채는 1900년 전후에 지어졌고, 광채는 이보다 앞서며, 나머지 건물들은 20세기 초에 지어진 것으로 전하고 있다. 이 집 입구 좌측에는 커다란 연못이 있는데, 연못의 한쪽 끝은 다

'소리샘'이라는 마을 우물과 토석담장의 자연미

른 대지와의 경계이기에 연못 옆길은 자연스럽게 대문간으로 이어지게 된다. 동향인 대문에 들어서면 안채가 위치해 있고 맞은편에는 광채가 있다. 그 너머로 후원後園이 조그마하게 조성되었다.

안채는 전면 일곱 칸 '一'자 집으로 되어 있다. 그리고 대문채와 곳간채, 아래곳간채는 'ㅁ' 자형으로 배치되어 있다. 안마당에는 이 동네의 다른 집들과 달리 화단을 만들어 아름답게 조경을 해 놓았다. 안채는 팔작지붕 기와집이며, 특이한 것은 동편 뒤쪽으로 건물이 덧붙여져 있다는 점이다. 전체적으로 부엌을 제외한 안방, 두 칸 대청, 건넌방에 전후좌우 툇마루를 만들어 놓은 것도 특징이다. 앞퇴에는 모두 툇마루를

이금재씨댁 마당의 푸르른 봄날 오후

깔되 부엌 앞에는 봉당을, 남동쪽 모서리에는 책광을 만들어 놓았다.

부엌 뒤에는 뒷방을, 건넌방 뒤에는 작은 윗방을 배치하였다. 뒷방 바깥 퇴와 아래위 작은방 앞에는 툇마루를 깔았다. 앞 툇마루 서쪽 끝에는 봉당 위의 상단부에 벽장을 만들어 새간 살림들을 보관하였다. 이 벽장은 살림을 하는데 필요한 물건을 보관하는 기능과 함께 약과나 조청, 꿀 등을 보관하였다가 밤에 집안 식구들이 화로 앞에 둘러앉으면 밤, 고구마 등을 구워 함께 먹었을 모습들이 떠올려지기도 한다.

안채의 머리퇴에는 각각의 사이에 출입문을 만들어 구분하였다. 작은방의 상하 나눔은 남부지방 양반가에서 흔히 사용되는 공간의 이용법이다. 3벌대 정도의 자연석 허튼층으로 쌓은 기단 위에 홑처마 납도리집의 팔작지붕 안채를 만들었다. 안채에서는 건물 뒤편에 쪽마루를 달아 안방에서 건넌방까지 쪽마루를 이용하여 건너갈 수 있도록 편리하게 배려하였다. 안채는 다듬은 정방형 주춧돌 위에 듬직한 방형기둥

비바람으로부터 기둥을 보호하기 위한 지혜

담장 위의 망와

을 세우고 보 밑에는 보아지를 끼워 균형감을 느끼게 했다. 이 가옥의 기둥들이나 공포 구조재인 나무들을 보면 약간 흰색과 진한 검은 색으로, 기름이 발려져 있는 착각을 일으킬 정도로 어둡다. 이는 나무가 썩지 않도록 득량만의 바닷물에 함침含浸시켰다가 사용하였기 때문이며, 그래서 지금도 해충에 강하고 튼튼하게 버티는 비결이란다.

후원은 외부인이 직접 출입치 못하도록 안채와 광채 모퉁이를 담장으로 막았다. 작은방 동쪽에는 반 칸 정도 담장 아래에 나지막한 화단을 조성하였다. 담장 중앙에는 협문을 만들어 안채의 아낙들이나 자녀들이 대나무 숲이 무성한 후원으로 출입하도록 만들어 놓았다. 뒤 울타리 안에도 축대를 쌓고 동백나무 등을 심었다. 남도의 특징의 하나인 동백나무를 마을 곳곳에서 볼 수 있는 것도 다른 지역에서 볼 수 없는 독특한 풍경이고 감상 대상이다. 또한, 집집마다 커다란 연못을 갖고 있으며 집안이 큰 가옥일수록 큰 연못을 갖고 있다는 점도 눈여겨 볼 마을의 풍경이다.

韓 屋 의 　美

낙안읍성 樂安邑城 민속마을

사적 제302호 | 전남 순천시 낙안면 동 · 서 남내리

7

낙안읍성 안에는 번듯한 기와집의 관아 건물이 있긴 하지만, 낙안읍성은 무엇보다도 초가집들이 옹기종기 모인 마을이어서 더욱 정감이 가는 민속마을이 있다. 1970년대의 새마을운동을 통해 전국의 초가집들이 모두 사라지고 이제는 전통 한옥의 부속채에서나 일부 그 모습을 찾을 수밖에 없는 현실이 되었지만, 이곳 낙안읍성의 경우 마을 전체에서 초가집들을 볼 수 있는 것이다. 서민가옥인 초가집에 대해보고 배우고 체험하기 위해서는 이제 낙안읍성을 빼놓고 생각하기 어렵게 된 것이다.

낙안성 민속마을에서는 우선 경직된 기와집에서는 느낄 수 없는 지붕의 곡선과 담들의 우아한 선을 마음껏 보고 느낄 수 있다. 지붕이며 담들의 선을 따라가다 보면 마치 동화 속에 등장하는 정원에 온 것 같은 착각이 들 정도로 아름답고 신비로운 광경들을 목격하게 된다. 더러 주춧돌에 놓인 하얀 고무신이라도 보게 되는 날에는 금방이라도 안채에서 다듬이질 소리가 날 것 같은 생각이 들만큼 정겨워진다. 잘 생긴 우물마루 널이 아닐지라도 투박한 대청마루 널은 세월이 묵을수록

낙안읍성에서 만난 함박꽃

결이 그대로 느껴져서 고풍스런 느낌도 나고 초가집과 잘 어울리면서 소박한 멋도 있다.

현재 우리나라에서 민속마을로 지정된 곳은 낙안읍성을 포함하여 제주도의 성읍마을, 안동의 하회마을, 고성의 왕곡마을, 성주의 한개마을, 월성의 양동마을, 아산의 외암마을 등이 있다. 이들 민속마을 가운데 이곳 낙안성처럼 문화재로 지정된 가옥에서 실제로 사람이 거주하면서 예전과 같은 생활 모습이나 문화를 잘 간직하고 있는 곳도 드물다. 읍성邑城이 여기처럼 잘 보존되어 있고, 또 우리의 전통적인 생활 방식이 여전히 살아 숨 쉬는 곳도 없다. 특히 이 마을은 성벽을 따라 초

성벽의 평여장과 마을 뒷산을 닮은 초가지붕

성벽을 따라 배치 된 성안마을과 성밖마을

가집이 안과 밖으로 형성되어 있어 성벽 위를 걸어가면서 마을의 풍경을 한 눈에 조망할 수 있는 곳이다. 봄에는 봄대로 여름에는 여름대로 초가 마을의 돌담과 어울려 피고 지는 각양 각종의 꽃과 풍경은, 시간이 이 마을에서 정지해 버린 듯한 느낌을 준다.

초가삼간이 대부분인 이곳 낙안성의 집들에서 가장 정겨운 공간은 바로 부엌이다. 안채 옆 나무문을 열면 어느 집에서나 깔끔하게 정리되어 있는 부엌이 나타난다. 나무를 때는 아궁이며 부뚜막이 보이고, 부뚜막 위에는 조왕신에게 소원을 빌기 위해 어머니가 올려놓은 맑은 물대접이 보이기도 한다. 어디 그 뿐이랴. 부엌에는 골목에서 놀다가 배가 고파 집으로 달려온 아이들에게 군것질 거리인 누룽지도 만들어 주었을 커다란 무쇠 솥도 보인다. 모든 살림살이에 우리 옛 어머니들의 삶과 한숨과 기쁨이 묻어 있다.

이 마을의 가옥들이 이처럼 정겹게 느껴지는 또 다른 이유는 건축의 소재와 관련이 있다. 자연에서 생산된 소재를 가공 없이 그대로 사용하여 집과 자연이 하나로 어울리고 있는 것이다. 목조 가옥에서는 기단이 매우 중요한 역할을 한다. 왜냐하면 목조로 지은 우리 전통 한옥은 물기에 약하기 때문이다. 그래서 기단을 만들어 비가 왔을 때 물에 잠기거나 집이 습하게 되는 것을 방지하고, 햇빛을 넉넉히 받도록 하여 목조 재료들이 더 오랜 시간 동안 유지될 수 있도록 하는 것이다. 이 마을 집들의 기단은 잘 가공된 장대석을 높이 쌓는 사대부 기와집의 기단과 다르게 둥글 넙적한 막돌을 주워다가 한 줄 내지 많게는 서너 줄 쌓아 올린 것이 전부다. 둥글둥글한 모양이 우리 서민들의 심성을 나타내는 것 같아 더더욱 정겹게 느껴진다. 그리고 가을날 마을의 돌담 너머로 지붕 밑을 보면 추녀 아래에 차곡차곡 쌓여져 있는 장작을 볼 수

초가집 한채를 지으려고 쌓아 건조하는 추녀아래 풍경

있다. 땔감도 하고 벽의 한기를 막을 수 있는 효과도 주는 우리들의 지혜이다.

토석담은 황토색의 흙과 강돌로 되어 있는데 크고 작은 돌들이 각자 자기 모양을 가지고 어우러져 있어, 우리들의 얼굴이 다르듯 자연의 모든 사물에는 같은 종류일지언정 조금은 달라도 조화를 이루고 사는 생활의 한 부분 같아 편안하다. 이처럼 이곳의 토석담은 요즘 주택들의 모습이나 담처럼 인위적인 모습이 아니라 자연스러움을 강조한 모습이어서, 보는 이로 하여금 지루하지 않게 만들면서 더욱 정이 가게 만드는 것 같다. 또한 낮은 담장과 싸리문 사이로 보일 듯 말 듯한 내부는, 우리에게 더욱 친숙한 서민적 가옥의 형태인 초가집에 애착을 갖고

돌담과 초가집, 그리고 자연스러운 곡선의 고즈넉한 마을길의 풍경

바라보게 한다.

낙안읍성의 늦가을은 초가집 이엉을 엮느라 마을 전체가 부산하다. 미리 이엉을 엮어 두었다가 바람이 불지 않는 날을 택해 마을 사람들이 전부 품앗이를 통해 이엉을 올린다. 정다운 우리 이웃의 모습을 느낄 수 있는 좋은 기회다.

낙안읍성에서 문화재로 지정된 가옥들은 대부분 일자형 집으로, 이는 이 지방의 풍토와 관련이 있다. 우선 중요민속자료로 지정된 몇 집을 선택하여 이들 집들의 특성을 살펴보기로 하자.

박의준가옥 朴義俊家屋

낙안성 안의 옛 감옥이 있던 자리에 이웃한 향리鄕吏의 집으로, 박의준 가옥(중요민속자료 제92호 전남 순천시 낙안면 동내리 367)이 있는데, 이 집은 19세기 중엽에 건축된 것으로 추정되고 있다. 안채와 아래채가 'ㄱ'자형으로 배치되어 있는 서남향집이며, 콘크리트 기둥에 대나무를 이용한 이 집의 사립문은 마을의 분위기에 그런대로 어울리는 듯하다. 대문을 들어서면 바로 마당이고, 오른쪽에 안채가 있으며 맞은편에는 아래채가 자리 잡고 있다. 안채는 부엌, 안방, 안마루, 건넌방의 순으로 배열되어 있다. 방과 안마루의 기둥 사이는 조선시대 때 일반적으로 쓰이던 넓이를 준수하고 있는데, 부엌은 오히려 넓게 잡아놓았다. 방과 안마루 앞에는 개방된 작은 툇마루가 있다. 아래채는 창고와 축사로 구성되어 있으나 일부가 개조되었다. 지금은 시멘트 지붕이 낡고 한쪽은 무너져가고 있어 안타까운 모습이다. 안채는 자연석으로 두 줄 쌓은 기단 위에 자연석 주춧돌을 놓고 방주를 세웠다. 부엌에는 널

박의준가옥

문을 달았고 방에는 분합문, 안마루에도 분합문, 건너방에는 외짝문을 달았다. 최근 복원되면서 당시의 전통적인 멋은 많이 사라졌지만 넓은 안마당 끝에 있는 채소밭과 곡선으로 이어진 돌담 위로 박 넝쿨이 올라가면 소박한 시골풍경이 느껴지는 자연미가 아름답다.

양규철가옥梁圭喆家屋

작은 초가집에 넓은 앞마당을 가진 양규철 가옥(중요민속자료 제93호 전남 순천시 낙안면 동내리 79)은 대문에 들어서면 북쪽으로 안채가 있고 서쪽으로 돼지막과 외양간이 자리하고 있다. 안채는 커다랗고 넓적한 냇돌을 골라 외벌대의 기단을 만들고 자연석을 이용한 덤벙주춧돌 위에 방형 기둥을 세워 초가지붕을 받치고 있다. 집의 규모는 초가삼간집으로 온돌방 2개와 큰 부엌으로 구성된 남향집이다. 방문은 큰방과 작은 방의 크기가 다르며, 큰방의 문 옆에는 눈꼽재기창이 하나 더 달려 있다. 이 눈꼽재기창은 겨울에 밖에 인기척이 있으면 큰 방문을 열고 닫

양규철가옥

는 것이 아니라 얼굴만 내밀 수 있도록 만든 창문으로, 편리하고 실용적으로 사용하는 창이다. 이러한 유형은 서민주택과 남부지방에서 자주 볼 수 있는 모습이다. 마루는 높고 마루 끝에 장귀틀을 받치는 나무를 하나 세워 받치는 사례도, 재료를 풍족하게 사용할 수 없었던 서민의 집에서나 볼 수 있는 모습이다. 방문 앞에는 크기나 형태가 다른 모습의 툇마루가 있어 더욱 소박한 느낌을 준다. 방문은 큰방이 2분합 띠살문이고 작은방이 외닫이 문으로 되어 있어 대청이 없던 서민들은 큰방의 출입이 잦았던 모습이다.

부엌의 동쪽 마당에는 장독대가 있고 나머지의 넓은 터는 텃밭이다. 가구기법이나 마루귀틀의 짜임새는 제법 모양을 갖추고 있어 제법 솜씨있는 목수에 의해 지어진 모양의 집이었을 것으로 보인다. 대문 앞 골목길의 구부러진 곡선의 부드러움과 대나무로 만든 사립문의 모양새, 텃밭과 생나무 울타리, 수목들이 이루는 외부 공간 등은 민가의 아름다운 자연미를 보여준다. 특히 이 집의 가구 구조를 보면 방 쪽 상부의 평주와 고주사이에 굽이쳐 휘어 오르는 듯한 우미량형의 퇴보가 멋스러우나, 그 하부구조는 토벽집의 허름한 특성을 보여 마음으로의 서민들의 사회에 대한 자신감이 밖으로 표출될 수 없던 시대의 사회상을 엿보는 것 같아 더더욱 향토적이다. 돌담아래 봉숭아꽃이 활짝피고, 텃밭에 각종 채소들이 푸르르게 자랄때면, 풍성한 시골의 정취를 느끼게 하고, 그 옆에 누렁이 소가 맛있는 여물을 먹고 되새김질하며 쉬는 모습의 풍경은 낙안읍성 마을에서 볼수있는 아름다운 시골풍경이다. 그리고 지붕 위로 보이는 마당 앞 커다란 감나무에 감이 주렁주렁 열리면 풍성한 느낌을 주는 것도 멋스럽다.

이한호가옥李漢皓家屋

마을중심에 이한호가옥(중요민속자료 제94호전남 순천시 낙안면 남내리 73)이 자리하고 있다. 이 가옥으로 가는 길에서는 돌로만 쌓은 돌담의 아름다움에 감탄하고, 제멋대로 생긴 메주만한 크기의 돌을 사람의 키만큼 쌓은 조상들의 기술에 감탄을 하지 않을 수 없다. 대나무로 만든 대문에 들어서면 바로 안마당이고, 마당 깊숙한 북동쪽에 담에 맞대어 안채가 동남향으로 자리 잡고 있다. 안채의 앞쪽으로는 헛간채가 있고 서남쪽의 담 모서리에 측간이 있다.

안채 기단은 외벌대 막돌허튼층쌓기를 하였으며 주춧돌 역시 자연석 막돌을 사용하고 있다. 기둥은 방주와 원주를 사용하였으며, 납도리에 초가를 얹었다. 안채가 서민들에게는 사대부집의 사랑채 역할까지 하기에 이집에서 가장 정성들인 건축기법이 표현되어 있다. 초가삼간에 부엌, 큰방, 작은방 순으로 배열되어 있다. 가운데 두 칸은 한 칸씩의 아랫방과 윗방으로 나뉘고, 문은 외닫이 띠살문과 하나씩 눈꼽재기 창을 달아, 창문을 대신하여 채광을 받아들여 방안을 밝게 하려는 지혜가 돋보인다. 눈꼽재기 창은 기능적으로 매우 편리하게 마당 앞의 동정을 살필 수 있는 창문으로, 이집은 방마다 갖추고 있다. 오른편에는 두 짝짜리 판문을 단 부엌이 있는데, 이 부엌은 벽이 곧 이 가옥의 담장 역할을 하므로 앞문으로만 출입이 가능하도록 하였다. 부엌 앞에는 우물과 장독대를 만들어 생활에 바쁜 아낙들의 편의를 배려하였다. 그리고 좌측으로는 한 칸을 내어 벽을 없애 공간을 만들고 창고로 사용하고 있다. 뒷쪽의 벽을 맞담으로 쌓았을 뿐 앞면은 완전히 개방되어

이한호가옥

있다. 부엌에는 부엌신인 조왕신이 모셔져 있고 부엌과 헛간채의 사이에는 잘 정돈된 장독대가 있다. 특히 집 주위로 널찍하게 만든 텃밭은 협소한 성내의 특성상 멀리가지 않고 자급자족할 수 있는 모든 먹거리의 공급처로 매우 중요한 역할을 하였던 모습이다.

김대자가옥金大子家屋

현재는 문화재 체험장으로 사용하는 김대자가옥(중요민속자료 제95호 전남 순천시 낙안면 서내리 78-1) 박물관을 방불케 하는 많은 생활 민속품들

김대자가옥

을 구경할 수 있는 집이다. 이 집은 19세기 초에 건립된 것으로 전하는데, 규모는 전면 두 칸에 툇마루를 꾸민 집으로 보가 마루 끝까지 나와서 기둥과 만나는 형식이다. 툇마루를 반 칸 크기로 만들면서 툇보는 사용하지 않아 집의 처마가 낮게 보인다. 특이한 점은 작은방 처마를 길게 빼서 토담을 두른 공간을 꾸미고 안에 작은 아궁이를 만들었는데 이것은 남부지방의 오래된 초가 민가에서 가끔 볼 수 있는 방법이다. 토담안은 부엌도 되고 나뭇간으로도 사용하는 다목적 공간이다. 남서향 집으로 지어진 이 가옥의 대문에 들어서면 왼쪽 담장에 기대어 토석벽으로 둘러쳐진 측간이 있다. 이 측간의 형태는 간단히 널판으로 지붕을 대어 비를 피하게 만들어져 있다.

눈꼽재기창을 꾸민 안방

서민의 토석적인 멋이 풍기는 김대자가옥의 장독 풍경

안채의 서편으로는 2분합 판문의 부엌이 있는데 다른 집에 비하여 부엌이 크기 때문에 동쪽, 즉 마당 쪽으로 별도의 창문을 만들어 부엌의 채광을 하고 있다. 부엌 앞으로 반원의 나지막한 담장이 둘러쳐져 있고, 그 안에 우물과 장독대가 숨박꼭질 하듯 재미있게 놓여 있다. 가운데 방 전면에는 2분합 세살문을 만들고 방 후면에는 외닫이문을 만들어, 여름에는 대청마루처럼 열어젖힐 수 있게 하여 시원한 바람이 들어오게 하는 등 최대한 쾌적한 생활을 하기 위하여 세심한 배려를 하였다.

이 집은 또 부뚜막 위의 조왕신을 믿는 습성이 지금까지 남아 있어서 이를 통해 19세기말 시골 농가 평민들의 생활상을 느낄 수 있는 좋은 구경거리가 되기도 한다. 아울러 두 짝의 대문은 남도에서 흔히 구하기 쉬운 대나무로 엮은 대문이어서 대나무가 지천에 있는 이 지역의 특색을 물씬 느끼게한다.

체험장으로 바뀐 가옥 안채

대청으로 사용하는 문은 2분합 띠살문으로 되어 있고 안방문은 외닫이문을 달았는데, 일반적인 크기의 외닫이문보다 크기가 큰 것이 특징이며 이 가옥 역시 옆에 눈꼽재기창을 만들어 바깥의 동태를 살피기 편리하도록 만든 점이 흥미롭다. 더욱이 우물가 옆에 강돌로 정성들여 쌓은 돌담은 항아리와 어울려 전통가옥의 부드러움이 더한다.

주두열가옥朱斗烈家屋

돌담 골목길을 걷다보면, 담장이 접어드는 양지바른곳에 주두열가옥(중요민속자료 제96호 전남 순천시 낙안면 서내리 78)이 있다. 이 가옥은 북서쪽으로 난 대문에 들어서면 마당을 중심으로 우측 끝 모서리에 담장과 붙어서 창고가 있다. 마당에서 보아 좌측에 보이는 장독대는 나지막

주두열가옥

한 돌담 뒤편에 위치하는데, 수줍어 얼굴을 가린 듯 놓여있다. 집은 부엌 1칸, 방 2칸인 아주 작은 집이다. 막돌 허튼층쌓기로 크고 납작한 돌을 외벌대로 쌓아 기단을 만들고 자연석을 주춧돌로 사용하였다. 기둥은 원주이며 초가지붕과 토벽이 잘 어울리고 운치 있는 집이다. 창문은 안 방문 좌측에 조그맣게 봉창을 두었고 모두 외여닫이에 띠살의 창과 문을 달았는데, 텃밭에 채소를 심을 때면 더 없이 평화로운 시골 풍경의 멋을 보여준다. 툇마루 하나로 방 3개의 출입문이 연결되어 동선을 짧게 하면서 부엌 옆에 붙은 아랫방은 눈꼽재기창을 두어 밖의 동태를 파악하기 좋게 만들었다.

주두열 가옥의 아래채는 나지막한 외벌대 기단 위에 툇마루 없이 방 앞에 다듬이돌 만한 디딤돌을 놓은 아주 서민적인 모습의 건물이다. 또 안채와 마찬가지로 토석담을 벽으로 둥글게 돌려 부드럽고 포근하게 느껴진다. 부엌에는 그야말로 약간의 살림이 있어 이곳이 부엌임을 알려줄 뿐, 너무나 서정적이고 서민적인 정서가 듬뿍 느껴진다. 문은 이분합 띠살문으로 덧문 없이 홑문으로 되어 있다. 토석으로 만든 벽체는 보온의 역할도 뛰어날 뿐 아니라, 목재를 풍족히 사용할 수 없었던 서민들에게는 매우 유용한 소재이며, 그러한 모습의 정서가 우리에게는 정겹게 느껴진다.

최선준가옥崔善準家屋

이 가옥은 낙안읍성에서 성벽을 이용해 만든 집 가운데 하나로 특별한 분위기를 준다. 특히 안채는 유일한 밭전田자 모양의 평면을 가진 집으

최선준가옥

로, 외벌대 기단 위에 자연석 주춧돌을 놓고 둥근 기둥을 세웠다. 초가집의 완만한 곡선과 기둥의 둥근 선은 서민적이지만, 옆에 서 있는 단청으로 화려한 겹처마 기와집인 성문의 문루와는 비교되는 모습이다.

방 벽이 집의 울타리이면서 경계인 이 집에서는, 집의 반은 마을길로 내주고 반만 돌담으로 집의 경계를 삼은 것이 흥미롭다. 그러니 두 개의 방은 창문을 열면 마을길을 볼 수 있어 동네 사람들이 지나다니면서 이 집에 사는 사람과 들창을 열고 이야기를 나누는 모습이 그려진다. 곳간채는 토석담으로 기둥 없이 두르고, 그 위에 도리와 서까래를 엮어 만든 지붕 구조다. 원시적인 한옥의 모습으로 문 없이 사용하고 있다.

김소아가옥 金小兒家屋

김소아 가옥은 낙안성의 서문이 있던 자리를 나가면서 오른쪽 골목 안에 있는 초가집이다. 대문에 들어서면 바로 마당이 있는데 동쪽 끝은 성벽으로 막혀 있어 따로 담을 쌓지 않았다. 마당의 북쪽으로 '一'자 형의 안채가 자리 잡고 있다. 부엌 하나에 방이 네 개인 집으로, 안방 뒤쪽에는 후원으로 나가는 문과 툇마루가 있고 부엌문도 후원으로 나가는 판문을 달았다. 부엌은 앞과 뒤쪽으로 넓혀 공간을 크게 만들어 놓았다. 부뚜막은 안방 쪽의 벽에 설치되어 있고, 그 옆쪽으로 널판벽을 설치하여 위에 벽장문을 달고 찬장처럼 사용하였다. 윗방의 옆으로 헛간이 있는데 토담으로 쌓은 부분은 나중에 설치한 것으로 보인다. 대문의 오른쪽으로는 돼지막, 헛간, 측간으로 구성된 헛간채가 있다. 특히 이 집은 마루가 높게 되어 있어 섬돌을 밟고 올라가도록 되어 있

김소아가옥

는 것이 특색이다. 그리고 마당 한 켠으로 성벽으로 오르는 계단을 만들어 직접 성벽으로 올라 갈 수 있도록 되어 있어, 성 안에서 외적이 침입했을 경우 요긴한 비밀 통로로 사용했을지도 모르는 일이다.

곽형두가옥郭炯斗家屋

기단은 다듬돌 바른층 쌓기로 세벌대로 쌓았고 초석은 막돌초석으로 얹었으며 기둥은 모두 원주를 사용한 2고주 5량집으로 비교적 굵은 부재를 사용하였다. 기둥머리는 사개맞춤인데 보머리에 받침목을 끼워 보를 받쳤으며 장혀는 받침목과 함께 맞추었는데 이런 수법은 고식에 속한다. 전체적으로 짜임새를 갖추었으며 구조기법 역시 양반가옥 기와집의 형식을 따른다. 곽형두 가옥은 초가지붕이면서 기와집 가구 형식으로 만든 부농의 운치가 풍기는 가옥이다. 성 안에서 가장 단아

곽형두가옥

하고 건실한 구조를 지녔던 초가집으로 향리가 살았던 집이라고 한다. 원형의 서까래와 부연은 대나무를 사용하였는데 이것은 이곳 마을의 특징으로 들 수 있다. 안채는 부엌, 방, 창고방, 건넌방으로 배열된 '一'자 집이며, 동쪽 끝방의 경우는 앞쪽과 동쪽에도 툇마루가 있다.

방은 흙벽인데 반해 창고방은 널판벽을 설치한 후 문짝을 달았다. 장독대는 부엌 앞에 기단과 같은 높이로 만들었는데, 외부 공간에 있어 입구 앞의 적당히 좁고 긴 고샅과 돌담장 출입구의 꺾은 기법과 도랑을 내고 그 위에 넓적 돌을 덮었다. 집 주위의 대나무 숲으로 둘러 쌓여 아늑하게 만들고 집 앞에는 다양한 종류의 나무와 꽃을 심고 텃밭에는 풍성한 채소들이 자라고 있어 운치를 더해주고 있다.

낙안객사 樂安客舍

지방유형문화재 제170호 | 전남 순천시 낙안면 동내리 401

8

낙안객사는 낙안읍성의 가장 중앙 상단에 자리하고 있는데, 별도의 담장과 넓은 마당을 두고 입구에 홍살문이 설치되어 있다. 건물 규모는 정면 일곱 칸 측면 세 칸의 맞배지붕으로, 익사翼舍는 한단 낮은 지붕의 팔작형으로 된 익공집이다. 전면에는 장대석 기단을 두고 덤벙 주춧돌 위에 원주를 세웠다. 맞배지붕 형식의 삼문은 어칸의 쌍여닫이문으로 되어 있고, 좌우의 문은 외닫이 널판문으로 단청이 되어 있다.

객사 건물 중앙에는 세 칸 크기의 대청마루가 있다. 그 좌우에 방을 두었는데, 중앙 마루에는 전폐(궐폐)를 안치하고 새로이 고을 수령이 부임하거나 또는 삭망(매월 초하루 보름날)과 국경일이나 고을에 좋은 일이 있거나 궂은일이 있을 때 군수 이하 관속들이 임금이 계신 한양을 향하여 임금님을 가까이 모신 듯 충성과 목민관으로서 소임을 다할 것을 약속하는 장소로 향궐 망배하던 곳이다. 단청은 모로 단청과 긋기 단청이 혼재되어 있다. 여기서는 조선시대 객사의 용도를 체험할 수 있고, 초가집 마을에 기와집의 관아 건물이 어울려 있는 풍경에서 조선

객사 삼문과 세월의 시간을 말해주는 객사 뒤 노거수

시대 계급사회의 단편을 보는 좋은 기회도 얻을 수 있다.

대부분의 민속마을에서는 기와로 된 사대부집이 중요문화재로 지정되고 초가집은 민속자료 정도로 지정되는 것이 일반적이다. 그런데 낙안성에서는 초가집 다수가 중요문화재로 지정되어있다. 이는 낙안성만의 특별한 가치와 아름다움이 있기 때문일 텐데, 이에 대해서는 순천대학교 박물관이 펴낸 보고서에 다음과 같이 잘 설명하고 있다.

첫째, 읍성이 가장 잘 보존되어 있다는 점이다. 제주도 성읍민속마을도 본래 읍성이 있던 곳이다. 그러나 지금은 거의 읍성의 존재를 확인하기 어려울 정도로 그 자취가 남아 있지 않다. 그런데 낙안읍성은 조선초기 읍성의 형태를 고스란히 간직하고 있다.

둘째, 낙안읍성 민속마을은 인위적으로 꾸민 전시용이 아니라 마을 주민들이 실제로 전통적인 생활방식을 간직한 채 살고 있는, 생생하게 살아있는 민속마을이라는 점이다. 낙안읍성도 1984년 민속마을로 지정되면서 성 안에 거주하던 사람들이 성 밖으로 이주하는 등 다소 변화가 없었던 것은 아니다. 그러나 이곳은 단순히 전시용으로 복원된 곳이 아니다. 일부의 출입을 제외하고는 본래 이곳에서 살던 사람들이 집 안의 텃밭이나 성 안팎의 논밭을 일구어 생계를 유지하고 있을 뿐만 아니라 조선시대의 세시풍속과 통과의례를 지키면서 생활하고 있다.

셋째, 호남지방의 전통적인 주거형태와 생활상이 잘 보존되어 있다는 점이다. 현재 민속마을로 지정된 곳은 모두 나름대로의 독특한 주거형태를 잘 간직하고 있다. 제주도의 성읍마을은 제주도 고유의 초가집들이 잘 보존되어 있고, 안동의 하회마을과 월성의 양동마을 그리고 아산의 외암마을은 지역의 특성에 따라 형성된 조선시대 사대부가의 전통적인 주거형태가 잘 보존되어 있다. 또 고성 왕곡마을은 19세기를 전후하여 건축된 북방식 전통가옥들이 원형대로 남아 있다. 이에 반해 낙안민속마을에는 호남지방의, 그것도 서민들의 전통적인 주거형태가 옛날 모습 그대로 보존되어 있다. 낙안읍성 안에서 기와집은 객사, 동헌, 내아, 그리고 근래에 신축한 민속전시관과 관리소이며, 나머지 민가들은 모두 작은 초가집들이다.

넷째, 낙안읍성은 왜구들의 침략에 맞서 싸운 역사의 장소로 민족의 정기가 생생하게 서린 곳이라는 점이다.

이 외에도 낙안민속마을에는 임경업장군의 비각을 비롯하여 당산나무로 섬겨지는 노거수 등 민속행사와 관련된 많은 자료들이 있다. 임경업장군의 비각은 동문에서 객사로 가는 큰길가에 있는데, 동내리에서는 매년 여기서 당산제를 지내고 있다. 또 낙안읍성 안에는 나이가 300년에서부터 500년 정도로 추정되는 노거수 30그루가 있다. 이 가운데 당산나무로 모셔지고 있는 커다란 은행나무가 동내리와 남내리에 각각 하나씩 있다. 이 두 나무는 풍수지리상 행주형인 낙안읍성에서 배의 돛대에 해당하는 것으로, 전하는 나무로 마을 사람들에게는 당산나무의 의미가 있다. 북쪽 성벽과 객사 뒤쪽에 있는 많은 노거수들도 낙안읍성의 역사를 간직하고 있다는 점에서 그 존재 의의가 적지 않다.

마을의 담들은 흙을 사용하지 않고 돌로만 정성들여 쌓은 돌담들이다. 돌담을 그대로 사용하는 집이 있는가 하면 돌담 위에 초가집 이엉을 올려서 더욱 멋지게 뽐내고 있는 담들도 있다. 골목길은 어디 하나 직선인 곳이 없다. 물이 흘러가듯 꼬불꼬불 휘어진 골목길을 호위하는 돌담들의 멋은 낙안민속마을에서 느낄 수 있는 전통 문화의 체험이다. 우리 조상들은 고구려시대부터 많은 석성을 견고하게 쌓을 수 있어서 주변 나라에서 성곽의 나라라고 하지 않았는가. 그런 민족이기에 자기 집의 담장도 성곽을 쌓듯이 섬세하고 예술적으로 만들 수 있었을 것이다.

또 마을 안에는 고을 수령님이 드셨다는 큰샘이 있는데, 옛날부터 이 우물의 물을 마시면 마음이 착해지고 미인이 된다고 한다. 이 우물이 아직도 사랑을 받는 것을 보면 순박한 마을에 순박한 마음이 있을 수밖에 없는 것 같다. 다른 우물과 다르게 상부에 덮개돌을 만들고 홈을 파서 배수구를 만들고, 흐르는 배수구의 물길이 한번 꺾이는 곳에 물이 잠시 고이는 확을 만들어 사용하도록 만든 것도 눈에 띈다. 가장 위쪽은 마시는물이고 가운데는 야채등과같은 먹거리를 씻는 곳, 끝에는 일반 세척용 물확이 아닐까 한다. 아름다운 모습과 아름다운 기능을 조화시킨 조상들의 멋을 느끼기에 충분한 장소이다.

수로를 만든 멋과 물 확의 조화

여인들의 삶의 애환이
느껴지는 우물

귀여운 초가 담 속에서
숨바꼭질하는 장독대

돌담을 쌓은 조상들의 숨결

한편, 이 마을을 거닐다가 사립문을 들어서면 외양간의 쾌쾌한 냄새가 나고, 어수선한 마당에 닭들이 모이를 쪼고 부엌에서는 연기가 모락모락 부엌문을 타고 나오는 모습을 볼 수 있다. 이 모든 서민적인 가옥의 풍경이 나에게 더욱 살갑고 친근감이 있는 것을 보면, 시골에서 태어난 시골 촌놈의 기질이 나타나는 것 같다. 마을을 벗어나며 나는 문득, 사람은 태어나면서 태어난 곳이 그립게 되는데, 도시에서 태어나 도시에서만 생활을 하던 사람들은 어떤 마음일까 궁금해진다.

영광靈光 연안김씨종택延安金氏宗宅

중요민속자료 제234호 | 전남 영광군 군남면 동간리 166

9

• • •

영광의 연안김씨종택 가는 마을 어귀에는 소나무 숲이 둑의 좌우로 답사객의 시선을 사로잡는다. 족히 백년은 넘었을 법한 소나무들과 그 사이로 보이는 드넓은 평야의 가을 정취는 풍요 그대로의 모습이다. 이러한 풍광의 끝 지점에는 마을의 이정표가 보이고 이정표에서 오른편 나지막한 뒷동산을 배경으로 몇 채의 기와지붕들이 눈에 들어온다. 그 중 뒷산의 정기가 모여 약간 부풀어 오른 언덕 위에 연안김씨종택이 자리 잡고 있다. 이 집은 조선 후기인 1868년(고종 5)에 세워진 상류사회의 가옥으로 북향으로 자리 잡고 있으며, 옛 모습을 원형 그대로 보존하고 있다. 집터는 매화꽃이 떨어진 형국의 길지이며, 학鶴의 형상이라고도 한다.

이 집은 보통 솟을대문이나 평대문으로 된 여타의 상류 주택과 달리 독특한 대문을 갖고 있다. 1층 중앙에 두 칸의 대문이 있고 좌우에 창고가 있으며, 2층으로 올라가는 계단실이 별도로 있다. 말하자면 2층 누각의 삼문 형식을 하고 있으며, 민도리집이 아닌 겹처마에 팔작지붕이다. 공포구조 역시 관청이나 궁궐의 대문에서나 볼 수 있는 외일출

연안김씨종택의 중후한 2층 대문채

목, 내이출목으로 앙서仰舌의 살미첨차 그리고 여의보주를 입에 문 용머리를 장식하여 화려함이 극에 달한다. 2층 누각 정면에는 종서縱書로 삼효문三孝門이라 새긴 현판이 있다. 이 집의 터는 직강공파直講公派 시조의 4대손인 김영金嶸이 16세기 중엽에 입향하게 되면서 잡은 것이라고 하며, 삼효문三孝門이라는 현판은 현 소유자의 14대조인 김진, 9대조인 김재명金載明, 8대조인 김함金含의 효성이 지극하여 나라에서 명정命旌을 내렸는데, 이를 모시기 위한 정문旌門으로 2층 누각형 공포집을 허락하여 지었다 한다. 막새기와에는 이 집만이 사용하는 삼효三孝라는 명문이 새겨져 있으니 집안의 자랑이 아닐 수 없다.

대문채 앞에는 하마비가 있고 대문은 솟을대문이 아닌 팔작지붕의 평대문 위에 한 칸 규모의 누각을 2층에 올려 공포를 갖춘 포작집으로 되어 있다. 이 가옥에서나 볼 수 있는 특징적인 한옥의 예이다. 1단의

자연미가 풍기는 원형 기둥의 대문칸

잘 가공된 주좌로 만든 대문채 주춧돌

왕이 하사한 삼효문

화려하게 꾸민 공포와 효자 편액

약간 가공된 자연석을 기단으로 삼고 정방형 주초에 높은 주좌를 만들어 웅장함을 더하고, 그 위에 세운 기둥도 아름드리 소나무를 생긴 그대로 세워 자연미를 뽐냈다. 특히 대문 한쪽은 기둥 간격을 약간 작게 하여 평소의 출입문으로 사용하였고, 다른 한쪽은 조금 크게 하여 가마가 드나들기 편리하게 하였다. 문지방과 인방의 형태도 한쪽은 아래 문지방을 한복을 입고 드나들기 쉽게 아래쪽으로 둥근 형태의 월방으로 두었고, 큰 문은 문턱을 대문이 걸리는 정도로 낮게 하면서 상부 인방을 가마에 앉아 드나들기 편하게 위쪽으로 무지개처럼 휜 부재를 사용한 것이 흥미롭다. 대문의 출입 방법에 따라 이용하기 편리한 구조로 만든 도편수의 아이디어가 흥미롭다.

2층 누각의 조각을 보면 틀의 끝을 용의 머리로 조각하여 귀틀로 짠 판재에 삼효문三孝門이라고 쓰고 추녀 아래 현판을 걸어 놓았다. 단청으로 화려하게 채색은 하지 않았지만 숭례문의 현판처럼 성문과 같은 느낌의 자태를 뽐내고 있다. 2층으로 오르는 계단은 대문채의 사랑채 쪽으로 판문을 달았다. 나뭇결을 배려하면서 배목과 거무쇠, 국화정을 장식한 넌출문이다. 이 문을 열고 들어가면 2층으로 올라가는 계단이 보인다. 계단 난간은 당초문을 조각하여 고급스럽게 만들었다. 누각은 한 칸 규모로 작으나 천장은 3출목으로 된 공포 덕택에 화려함이 대단하다. 공포 사이에는 이 가옥에서 삼효문을 받게 된 내력이 기록된 효자 편액이 걸려 있다. 여기 누우면 하늘을 떠받는 것처럼 보이고 아래를 내려다보면 넓은 평야가 한눈에 들어온다. 누각에서 동간리 앞 평야로 보이는 1층 용마루의 조화는 말을 타고 넓은 평원으로 달려 나가는 선비의 기상을 느끼게 한다. 특히 전통 한옥에서 느낄 수 없는 장면의 하나가, 밖을 조망하기 좋은 곳에 누마루나 대청마루를 두어 자연과 가까이 하도록 한 형태가 아니라 자기 집의 지붕 위에서 자기 집을 보는 새로운 경험을 하게 한다는 점이다.

이 집은 2층 누각형 공포집 대문이고 방향도 서향으로 남측 방향을 선호하는 것과 차이를 보인다. 이것만으로도 이 집의 전체적인 느낌이 우리 한옥의 정형성을 많이 응용할 것 같은 기대감을 갖게 한다. 이 집의 답사에서 눈여겨 볼 것은 먼저 대문과 대문의 방향이다. 그리고 사랑채와 안채가 남향을 하는 일반적인 배치와 달리 모든 건물이 전부 동서남북 방향보다는 시선을 강조하여 마을 앞 넓은 평야를 바라볼 수 있게 한 것도 특징이다.

집의 배치는 남북축으로 경사진 지형을 크게 몇 개의 단으로 만들어 서쪽으로는 안채를 중심으로 안공간, 동쪽으로는 사랑채를 중심으로 사랑공간을 배치하였다. '一'자형 대문채와 '一'자형 행랑채를 연결하여 집 밖에서는 두 건물이 하나인 것처럼 보이나 가옥 안에서 보면 행랑채를 구분하는 곳에 담장과 측간 그리고 마방을 설치하고 있다. 사랑측간은 깔끔하게 나무판재를 이용하여 바닥을 만들고, 환기와 채광을 위한 살창이 앉으면 머리 위가 보일 정도의 높이로 설치되어 있다. 문은 넌출문이라도 내부의 동태를 살필 수 있도록 배려되어 있다.

사랑공간은 사랑마당을 중심으로 사랑채, 서당(별당)과 하인 집, 연지 등으로 구성되어 있다. 사랑마당에는 두 군데에 정원을 만들었는데, 먼저 안채로 가는 사람들의 시선을 유도하도록 하나는 사랑 쪽에 만들고, 붉은 벽돌담에 완자문을 넣은 아름다운 담장 앞쪽에 다른 하나를 만들어 기암괴석과 아름다운 꽃들을 심었다. 이 가옥 사랑마당의 아름다움은 대문 칸 2층 누각에서 바라볼 때 가장 좋다.

사랑채는 긴 장대석을 자연스럽게 가공한 3벌대 기단을 쌓고 그 위

대문채 추녀선 아래로 보이는 별당

에 잘 다듬은 둥근 주춧돌을 놓은 다음 잘 다듬은 원기둥을 세웠으며, 주련도 기둥의 곡선에 맞게 원형으로 깎아 걸어서 사대부집이라도 민가 건물에서는 보기 드문 예를 보인다. 공간은 오밀조밀하게 조성되어 있는데 주인의 생활을 엿볼 수 있는 장면이 많다. 그 하나가 사랑채의 남쪽 끝에 작은 마루를 만들고 그 곳에서 연지를 감상할 수 있도록 한 것이며, 아울러 행랑채 하인의 동태를 파악하기 쉽게 시선을 일치시켰다. 그곳에 앉아 호령하는 주인의 모습을 생각하면 영화의 한 장면처럼 곰방대를 물고 사모관을 쓴 주인이 하인들이 마당에서 하는 일을 지시하는 장면이 자연스럽게 연상된다. 사랑채는 중앙에 두 칸의 대청을 두고 우측에 한 칸의 안방과 툇마루를 두었으며, 좌측에는 두 개의 방과 윗방을 두었는데 전면에는 툇마루를 두어 안채로 가는 중문에 기대어 만든 사랑측간으로 가는 통로로 사용하고 있다. 특히 건넌방에 하

연지와 어울린 별당

나의 쪽방을 뒤로 두어 안채로 연결하는 연결공간으로 사용하게 하였으니 이 또한 우리 전통 가옥의 예술적 표현 방식 가운데 하나이다. 이 방의 빗살문 광창으로 들어오는 햇살이 아름다우며, 또 방을 연결하는 불발기창의 무늬가 세 군데 모두 다르게 만들어져 예술적인 조각을 감상할 수 있다. 대청마루 대들보 위의 대공은 달 모양으로 둥글게 하여 마치 사랑채 대청마루 위로 둥근 보름달이 떠 있는 듯한 모양을 형상화하였다.

별당이자 서당으로 사용하는 공부방 건물은 사랑채와 같이 연지를 향하여 툇마루를 두어 연지와 행랑채 그리고 담 너머 산을 볼 수 있도록 하였다. 가운데에 대청을 두고 좌우에 온돌방을 설치하는 형태는 사당이나 향교 건축에서 많이 나타나는 양식으로, 이 건물이 공부를 위한 서당으로 사용했었음을 짐작케 한다. 특히 전면은 퇴로 연결하여

밝게 채광이 되는 사랑측간

사랑채 마당과 중문채

봄에 수국이 피면 더욱
아름다운 사랑화단

넉넉한 툇마루를 갖춘 사랑채

사랑 끝에 붙은 측간의
예쁜 창살

사랑채 보 위의 보름달 같은 대공

4분합 가운데에 여덟 모 진 창

추녀 밑으로 내려오지 않고도 방에서 오른쪽 끝 연지가 있는 툇마루까지 자유롭게 다닐 수 있도록 설치하고 있는 배려도 엿볼 수 있다.

이 집은 안채를 비롯하여 사랑채, 곳간채, 사당, 서당, 안대문, 바깥대문, 마구간, 헛간, 찬광, 장독대에 정원과 연못까지 갖춘 전형적인 양반집이다. 안채공간은 삼효문을 거쳐 사랑채 마당과 중문을 지나 들어가게 되는데, 안마당을 중심으로 'ㄷ'자 안채와 'ㅡ'자의 아래채가 있다. 사당은 안채 뒤편 서쪽의 약간 경사진 곳에 넓은 공간으로 만들어 놓았다. 이 사당으로 가는 길은 두 가지다. 우선 중문을 지나 왼쪽 언덕으로 올라 일각문을 거치는 방법이 하나다. 다른 하나는 안채의 장독대 뒤편 후원으로 가는 방법이다. 중문채 옆으로 있는 문은 바깥주인이 다니는 통로이고 장독대 뒤로 연결된 통로는 안채에 사는 여자들이

사랑채의 공간을 구분하는 아름다운 문들

제사 음식을 나르던 길이다. 특이한 것은 사당 후원을 넓게 하고 잔디를 심었는데 이곳은 안채의 장독대와 안채의 뒷부분으로, 사당을 별도의 담으로 구획하던 상류 주택의 틀에서 벗어나고 있다. 이는 북향한 건물인지라 채광이나 통풍이 부족하여 이를 보완하기 위해 후원을 늘린 결과이다.

안채 정침의 좌우에 있는 곳간채 가운데 하나는 5량 집 맞배지붕으로 만들고, 온돌방을 끝에 둔 좌측의 다른 하나는 우진각으로 만든 것이 흥미롭다. 정침의 우측, 즉 중문에 들어서자마자 만나는 건물은 정면 두 칸 측면 두 칸의 규모인데, 한 칸은 회벽으로 하고 한 칸은 널판을 이용한 판벽으로 만들었다. 이 곳간에 출입하는 문도 한쪽은 넌출문이고 다른 한쪽은 판자를 위로부터 하나씩 끼워 막는 형식으로 되어

사랑마당 꽃담장 아래의 아름다운 정원풍경

사랑 한켠으로 다소곳이 자리한 산사 분위기가 느껴지는 별당

부귀를 나타내는 큼지막한 모란 꽃 하나로 처리한 망와

있다. 저장되는 물건에 따라 문의 형식을 다르게 만든 것으로, 하나하나의 공간과 용도에 따라 모든 것을 변화 있게 만드는 것도 한옥에서만 느낄 수 있는 묘미이다. 건너편의 곳간채에는 도장방을 두고 끝에 방을 들였으며, 함실아궁이 위에 다락을 둔 구조가 지혜롭다.

정침은 4벌대 기단 위에 방주를 세우고 툇마루를 전면에 두는 형식이다. 안채의 툇마루에 앉으면 아래채 너머 들판과 건너편 산이 보일 정도로 전망이 확 트여 남부지방 건축의 개방성을 느끼게 한다.

안채 후원에는 잔디를 심어 넓은 공간을 두었는데 이 후원은 사당 뒤와 하나의 공간으로 이어져 있다. 후원의 장독대는 별도의 담으로 소중하게 보호하고 있으며 장독대 앞에는 곡식을 찧는 확돌이 가지런히 놓여 있어 안주인이 얼마나 정성들여 사용하는 공간인가를 느끼게

중문에서 보이는 안채의 모습

한다. 또 장독대 위쪽, 사당과 장독대가 접한 후원의 끝자락 담장에는 호지집의 벽을 담장으로 두어 들창문으로 필요한 도움을 받을 수 있게 하였다. 특히 이 집에 어떤 문제가 발생하여 외부의 도움이 필요할 경우에 대비하여 안채 북편에 협문을 두고 옆집으로 피신할 수 있게 하였다.

아래채는 아홉 칸의 긴 일자형 건물이다. 세 칸 가운데 한 칸은 벽 없이 만들고, 좌우 두 칸은 중방에 살창을 만들어 창고로 사용하고 있다. 다른 세 칸 전면에는 툇마루를 두고 대청마루와 방을 만들어 주거 공간으로 사용하도록 하였는데, 한 칸은 4분합문을 단 대청마루를 두고 두 칸의 온돌방을 두고 있다. 아래채의 뒷벽은 담장의 역할도 하고 있

안채마당과 건물의 세련된 배열

건넌방에서 본 안채 정침

기단과 담장을 조화롭게 표현한 잘 정돈된 장독대

다. 이와 같이 긴 '一'자형 건물에 용도에 따른 벽의 형태를 달리함으로써 한옥에서만 느낄 수 있는 연속성을 강조하면서도 전혀 지루함이나 획일화되어 있다는 느낌이 들지 않게 하는 것도 역시 한옥만의 매력이다.

이 가옥을 나설 때는 집의 외형만이 아니라 정신 세계까지도 느끼는 것이 중요하다. 그러기 위해서는 다시 대문채 누마루에 올라볼 일이다. 이 누마루에서 보는 넓은 들판의 경치와 가슴이 확 트이는 조망, 천장의 아기자기하게 짜여 맞추어진 공포, 그리고 명정들은 보는 이들을 특별한 공간으로 초대한다. 이 집의 사랑채에는 누마루가 없는데, 이곳이 사랑채의 누마루를 대신한 것으로 보인다.

건넌방에서 본 안채 정침

사랑협문과 사당문 그리고 안채와의 연결

地下女将軍
天下大將軍

부록

나가며 | 전통 가옥의 건축 용어 이해

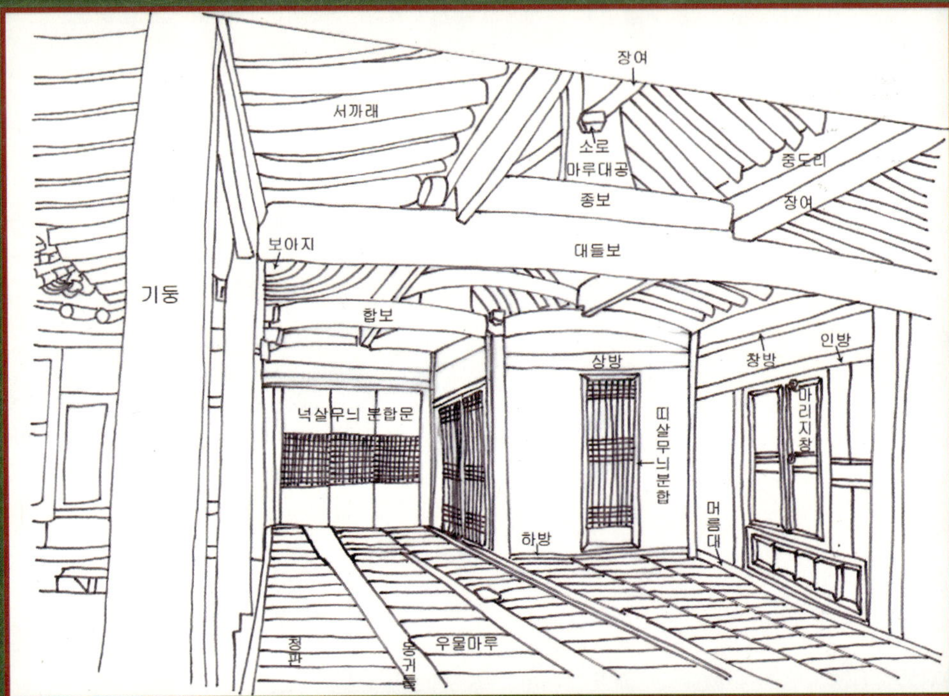

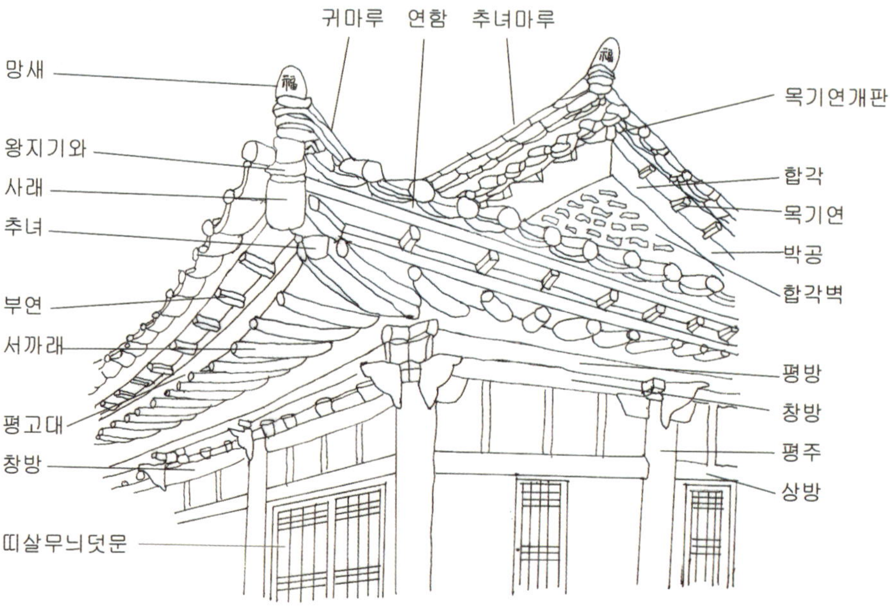
귀마루
연함
추녀마루
망새
목기연개판
왕지기와
사래
합각
추녀
목기연
박공
합각벽
부연
서까래
평방
창방
평고대
평주
창방
상방
띠살무늬덧문

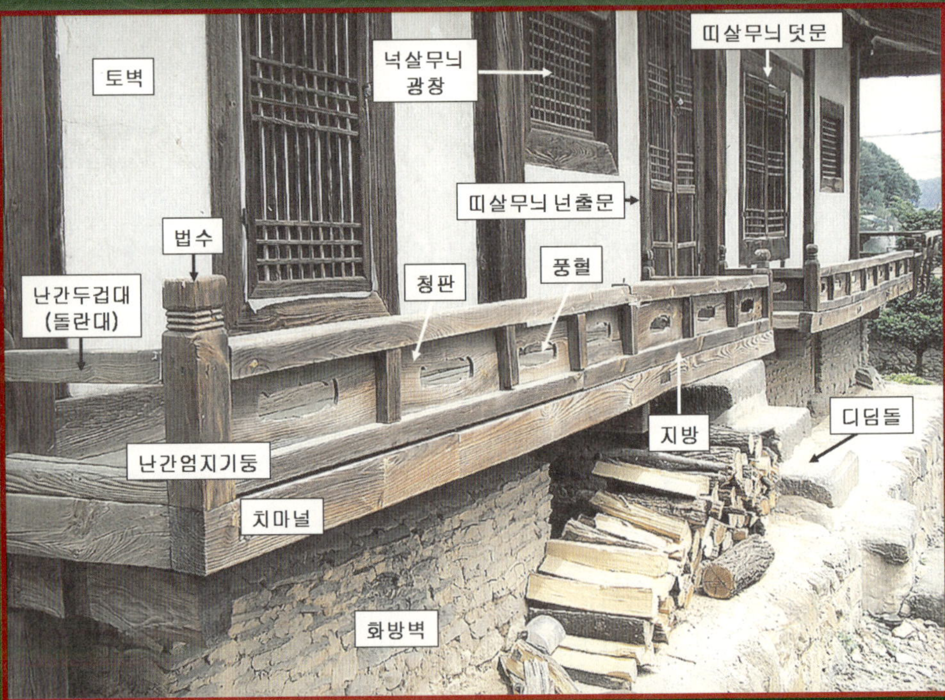

안동 임청각 서측면 쪽마루

안채 대청마루의 부재 명칭

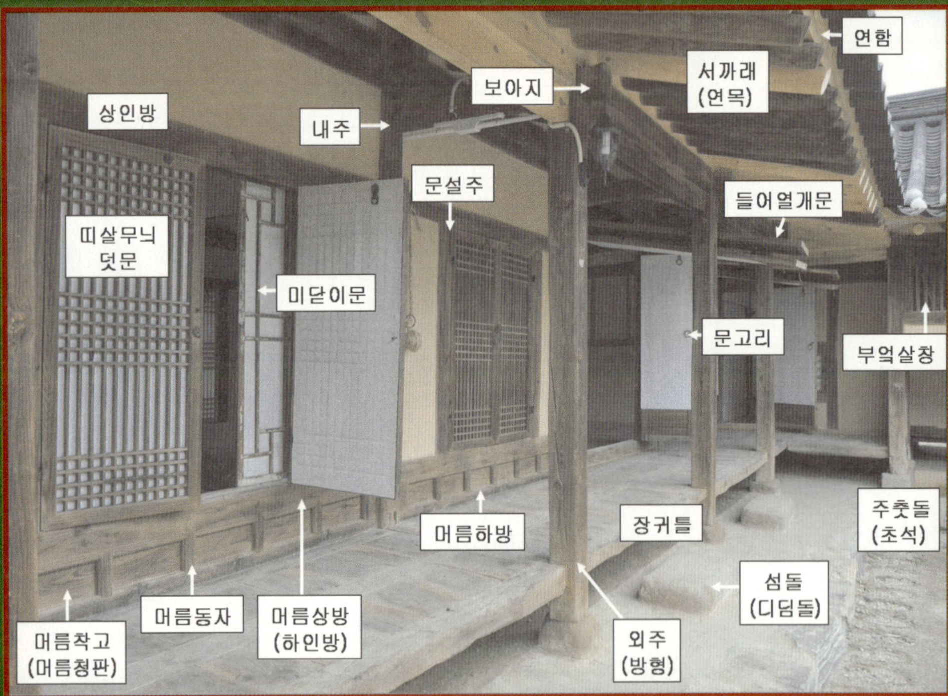
연함
서까래
(연목)
보아지
상인방
내주
문설주
들어열개문
띠살무늬
덧문
미닫이문
문고리
부엌살창
주춧돌
(초석)
머름하방
장귀틀
섬돌
(디딤돌)
머름동자
머름상방
(하인방)
외주
(방형)
머름착고
(머름청판)

툇마루의 부재 명칭

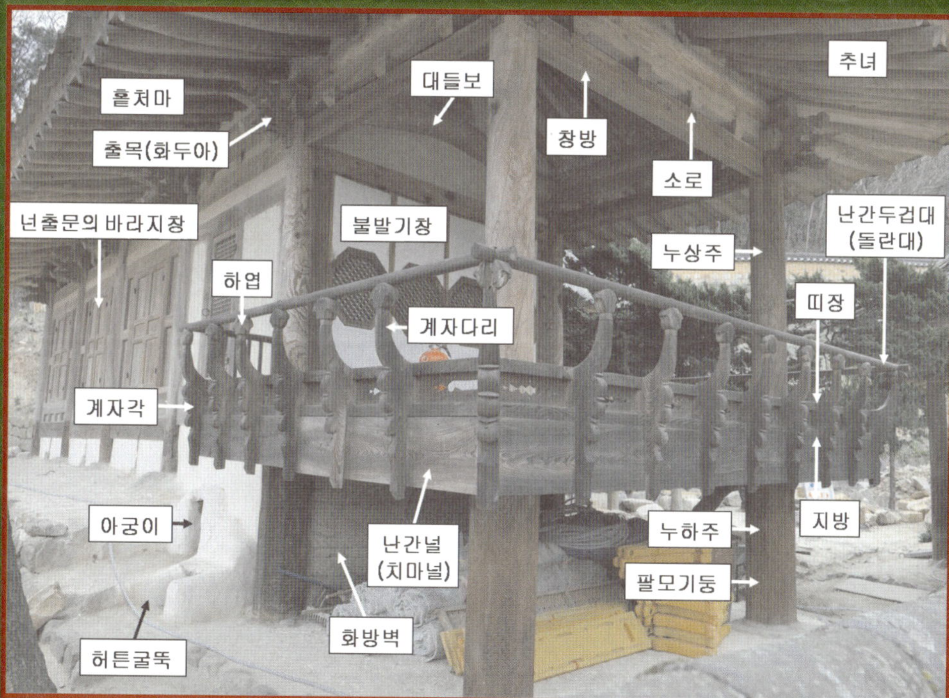
추녀
홑처마
대들보
출목(화두아)
창방
소로
넌출문의 바라지창
불발기창
난간두겁대
(돌란대)
누상주
하엽
띠장
계자다리
계자각
아궁이
누하주
지방
난간널
(치마널)
팔모기둥
화방벽
허튼굴뚝

누마루의 부재 명칭

전통가옥의 조립순서

기단→ 주춧돌 → 기둥 → 기둥머리 주두→ 창방 → 소로 → 장여 → 퇴량 → 대들보 → 충량 → 두심도리 → 동자주 → 중량 → 중장여 → 중도리 → 대공 → 대공소로 → 뜬창방 → 상장여 → 추녀 → 서까래(장연) → 초매기, 이매기 → 고대(선자)부연 → 부연개판 → 풍판 → 박공 → 목기연개판 → 적심도리(마룻도리) → 보토다짐 → 강회다짐 → 암막새 → 암기와 → 수막새 → 수키와 → 착고, 부고→ 용마루, 내림마루→망와

❋ 목조 가옥 건축의 가구 구조 이해

공간을 형성하는 목조 건물의 골격 구조로 가구의 법식에 따라 단층, 중층, 통층으로 구분되고, 규모에 따라 삼량가, 오량가, 칠량가, 구량가 등으로 구분된다. 보는 보의 구조, 형태 및 사용 장소에 따라 여러 가지가 있으나 지붕하중을 받치는 지붕보(=들보), 상층마루를 받치는 층보 등이 있다. 이와 같은 부재들의 조립은 벽체가구와 지붕가구가 주요한 골격이 된다.

보의 종류	
대들보	건물의 앞뒤 기둥을 연결하는 보
종보	대들보 위어서 동자주를 세우고 동자주를 연결하는 보
합보	기둥 또는 평주의 양쪽에서 물리게 되는 보로 대청과 온돌방의 경계벽에서 볼 수 있는 보.

충량	측면 2칸에 기둥이 있을 때 그 기둥에 큰 보와 직각으로 연결되어 얹히는 보로 정자 건물에서는 용머리를 조각하는 경우도 있다.
우미량	기둥 위에 짜여지는 것이 아니고 도리와 보에 걸쳐 동자기둥을 받는 곡선보로 수덕사 대웅전의 우미량이 유명하다
창방과 평방의 종류와 이해	
창방	기둥위에 가로 질러 연결하고 평방, 화반 등을 받는 가로 부재
뜬창방	용마루나 중도리밑에 있는 대공 또는 동자주에 가로 건너지른 부재
멍에창방	중층건물에 있어서 하층 서까래 상단을 받는 이층기둥에 건너지른 가로재
평방	공포 등을 받기위해 평주 위에 건너지르고 창방 위에 얹히는 가로재로 다포집에서

도리 : 보와 직각방향으로 걸어 서까래를 받는 수평 구조부재	
납도리	단면이 방형 또는 장방형으로 된 도리. (=민도리)
주심도리	기둥위에 놓인 도리.
내목도리	공포를 짜고 건물 내부로 내놓아 건 도리
출목도리	주심도리에서 바깥쪽으로 내밀어 걸린 도리(=외목도리)
중도리	처마도리와 지붕 마룻도리 사이에 건 도리
상하중도리	여러개의 중도리를 걸 때 위와 아래쪽에 있는 중도리
처마도리	출목이 없는 변두리기둥 위의 주심도리, 들도리
종도리	용마루 밑에 서까래를 걸쳐 놓는 도리. 마루도리, 마룻대
장여 : 도리 밑에서 도리와 같은 방향으로 놓이는 인방과 같은 부재로 도리 밑에 받친 수평 목재, 받침장여라고 함	
통장여	도리와 같이 길게 이어진 장여.
단장여	포가 짜여져 있는 부분만 놓인 장여. 주로 주심포 고식 건물에 나타남.
뜬장여	도리 바로 밑에 놓인 장여에 소로를 받치고 또 하나의 장여를 거는 경우
화반	
화반	상하 부재 사이에 끼어서 가로재를 연결하는 창방 위 중간에 얹어서 장여를 받는 초새김한 받침

솟을화반	창방과 장여사이에 "八"자형으로 된 받침.
복화반	화반의 모양이 아래쪽이 넓고 위쪽이 좁은 것

대공 : 대들보 위에 서서 종보와 종도리를 받치거나, 종보 중앙에 서서 종(마루) 도리를 받치는 수직 목재	
판대공	널판으로 만든 대공의 총칭
파련대공	판대공에 파련각한 대공
포대공	대들보나 종보위에 첨차와 살미를 조립한 포작으로 만든 대공
화반대공	연꽃이나 연당초 모양으로 초각한 화반모양 대공
인자대공	도리양쪽에서 人자 형태로 받치는 대공
솟을합장	수직 대공이 따로 있고 보조적으로 "人"자형 받침대를 종도리와 연결한 부재. 봉정사 극락전이나 수덕사 대웅전이 대표적 사례
보아지 : 대들보와 기둥이 만나는 부분에 들보의 힘을 모아주고 받쳐주는 기능을 하는 기둥머리에 사통가지로 홈을 판 곳에 올리고, 보아래 받치는에 끼우는 작은 부재.	

기둥

건축물의 주춧돌 위에 세워서 보, 도리 등을 받치는 수직 부재인 나무로 둥근 기둥이나 방형(=네모난) 기둥이 사용되는데, 격식을 갖춘 규모의 건물인 궁궐, 향교, 관아, 사찰 등에는 원주가 쓰인다. 또한 기둥은 그 위치나 쓰임에 따라 평주, 우주隅柱 등으로 나누고, 기둥을 깍는 기법에 따라 통기둥, 흘림기둥, 배흘림기둥 등이 있으며, 그밖에 한옥의 조형에 관계되는 기둥을 이용한 귀솟음, 오금법 등의 법식도 있다. 귀솟음이란 건물의 측면으로 갈수록 높게 꾸며서 귓기둥이 가장 높게 된 것을 말하는데, 추녀에 과대한 하중을 분산시키기 위한 공학적 기능과 시선에서 좌우 끝이 처지는 현상을 보정하기 위한 과학적인 표현이다. 또한 오금법, 즉 안쏠림이라는 기법으로 기둥 위가 안쪽으로 기울게 하는 동시에 착시 현상을 고려하고 건물의 안정성을 도모하고자 한옥의 조립에 사용되던 기술이다.

입면 형태별 분류	
민흘림기둥	기둥머리보다 기중아래 부분의 굵기를 크게 만드는 것을 말하며 나무가 자라는 모양대로 세우기 때문에 안정감이 있음
배흘림기둥	기둥뿌리부터 1/3지점에서 직경이 가장 크고 위와 아래로 갈수록 직경을 줄여가면서 만든 기둥으로 부석사 극락전, 무량수전 등 조선전기 이전의 건축물에 많이 나타나는 기둥
직립주	기둥머리와 기둥아래의 직경이 같은 경우
도랑주	원목을 대략 껍질만 벗겨 거칠게 다듬은 자연목에 가까운 기둥
기능 및 위치별 분류	
평주	간물 외벽의 외진 칸을 감싸고 있는 기둥으로 외진주 또는 외진 평주라고도 함
고주	내부의 기둥으로 외주의 평주보다 큰 기둥으로 대개 용마루의 종도리를 받치는 기둥 고주라고 부르며 공간의 명칭에 따라 내진주, 내진고주라 함
내주	건물 내부의 내진 칸에 세워진 기둥
우주	건물의 모서리 부분에 세우는 기둥
사천주	목탑 심주를 중심으로 네 모서리에 배열된 기둥
누상주	2층의 누각식 건물에서 누를 중심으로 상하기둥을 구분하는 명칭
누하주	2층의 누각식 건물에서 누를 중심으로 상하기둥을 구분하는 명칭
활주	추녀마루 밑을 받치고 있는 기둥
동자주	도리를 걸치고 이 힘을 대들보나 중보를 받치는 짧은 기둥
굴립주	초석 없이 기둥뿌리를 땅속에 박은 기둥, 선사시대 주거지에서 발견 됨
동바리기둥	마루 밑의 장귀틀과 동귀틀을 받치는 짧은 기둥으로 고임기둥 또는 받침기둥이라고도 부름

❁ 벽과 문의 구조

건물 또는 실 간의 사이에 수직으로 둘러막은 실체를 벽체라고하고 전통 건축 가옥에서 사용하는 벽은 흙벽을 기둥은 노출시키면서 쌓는 심벽이 있다. 특히, 목조 건축은 화재에 약하므로 최대한 위험에서 보호하기 위하여 화방벽을 부엌이나 외부로 접한 담에 사용하여 왔다. 그리고 채광이나 통풍, 그리고 출입을 위하여 창문이나 대문을 다양한 크기와 다양한 창살대의 의장적인 변화를 이용하여 벽체와 함께 실을 구분하는 방법으로 사용하여 왔다.

벽체의 종류와 이해	
평벽	기둥이 노출되지 않게 만든 서구식 벽체
심벽	기둥을 일부 노출하고 사이에 흙벽으로 마감하는 벽체. 전통 가옥의 벽체
박공벽	건물의 측면 합각박공의 삼각형 벽
포벽	공포와 공포 사이 평방 위에 있는 벽
판벽	널을 붙인벽, 널빈지벽, 귀틀판벽
바름벽	진흙과 회반죽을 이용하여 미장한 벽
머름대	머름은 창틀과 그 밑의 하인방 사이에짧은 동자주를 세우고 널로 막아낸 분분으로 온돌방 창틀 아래 붙어 있는 머름틀
문의 종류와 이해	
바라지창	대청마루 후면을 막는 창문으로 대부분 판문이 많으나 세살창문인 경우 있음.
광창	출입문이 아닌 중인방 위에 꾸며서 채광과 통풍을 위한 창문
불발기창	4짝의 문으로 창틀의 앞뒤를 한지로 바르고 벽체 대신 사용하다가 열어서 등자쇠에 걸도록 되어 있는 창
교창	문틀의 위쪽에 고정식으로 꾸며진 채광 창
들창	창을 밖으로 열고 작대기로 고이도록 만든 창
살창	중인징에 2개의 인방을 걸친 창문틀에 상하로 직선재를 끼워 만든 환기창문으로 부엌이나 곳간, 측간 등 환기가 필요한 곳에 설치

봉창	벽체의 일부를 구멍을 내거나 수수깡이나 나무로 얽어 놓은 창
미닫이문	덧문 안에서 좌우로 밀어 여는 문
덧문	미세기문 밖에 문울거미 살대로 만든 문. 추울 경우에 사용하는 문
분합문	문짝이 대칭이 되게 만들어져 밖으로 여는 문
협문	추녀 밑이나 대문이 아닌 담장아래 보조적으로 사용하는 문(=일각문)

공포

지붕에서 누르는 힘을 대들보를 거쳐 처마 끝의 무게를 받치게 하려고 기둥머리에 나무를 조각하여 짜 맞추어 댄 나무쪽들을 통틀어 일컫는다. 공포에는 주두를 비롯하여 소로, 첨차, 살미 등이 있고, 이것을 교차시켜 짜 올리면 공포가 된다. 공포는 목조 가구 구조인 한옥에서 꼭 필요한 구조재로 처마서까래를 길게 내밀어 거는 출목도리를 지지하여 빗물이나 태양의 입사 각도를 조절하는 기능을 갖고 있다. 간혹 공아, 화두아라고도 부르는데 이 이름들은 옛날에 사용하던 용어이다.

공포의 구성 부재의 이해	
주두	기둥머리 위에 놓여 포작을 받아 공포를 구성하는 대접처럼 넓적하게 네모난 나무. 상부의 하중을 균등하게 기둥에 전달하는 기능을 가지고 있다. 다포에서는 주두가 기둥머리를 떠나 평방 위에도 놓임
소로	두공, 첨차, 제공, 장여, 화반 등의 사이에 틈틈이 끼우는 네모난 사각재. 작은 두공, 접시받침라고 부른다.
살미	궁궐이나 성문 등과 같이 화려한 공포 부분에 기둥 위 도리 사이에 장식하는 촛가지를 짜서 만든 부재로 첨차에 직교되며, 외부는 쇠서형으로 조각하고 내부는 교두형이나 또는 초엽, 연화 등을 새긴다.
주심포	기둥 위에만 공포를 짜 올리고 기둥과 기둥 사이에는 화반 등으로 받친

다포	기둥 위와 기둥과 기둥 사이의 창방과 평방 사이에 공포를 짜서 넣은 공포로 처마도리나 출목도리를 보강하고 화사한 외관을 갖추는데 의미가 있는 공포의 한 짜임새
익공	포작집의 모습으로 꾸미고 초방 끝이 쇠서로 되어 내부는 초각되어 있는데, 용이나 봉황을 새긴 경우도 있다. 일반 민가 주택에서 많이 사용함.
첨차	도리방향으로 살미와 십자맞춤으로 짜여지는 공포부재를 통칭하여 부르는 명칭
행공	외출목도리와 장여를 받치는 첨차.
안초공	기둥머리와 평방 이음새에 끼워서 평방 이음을 보강하는 부재

지붕가구

지붕가구는 건물의 평면의 모양과 지붕형태 및 공포양식에 따라 가구 방법이 결정 된다. 도리위에서 지붕기와를 얹기 전까지 추녀와 서까래, 평고대 등의 지붕골격을 형성하는 가구구조를 말한다. 또한 지붕가구는 중도리의 배치 수에 따라 3량 집에서부터 많게는 9량 집까지 있다. 지붕가구가 결정되면 지붕면이 전통 가옥에서는 기와집은 욱은 지붕의 모습으로 초가지붕은 부른 모습의 지붕의 모습을 갖는다. 그 종류로는 지붕의 합각면이 있는 팔작지붕, 좌우의 협칸이나 행랑채 지붕보다 한단 높게 된 지붕, 우진각, 맞배지붕이 있다.

그리고 이를 받치는 처마의 형태에 따라 홑처마, 겹처마로 나누고 처마와 서까래 사이를 마감하는 다양한 부재들이 지붕을 마무리하게 된다.

지붕의 구성과 이해	
처마	지붕에서 벽 바깥쪽으로 내민 부분
홑처마	부연을 달지 않고 처마 서까래만 걸어 꾸민 처마
겹처마	처마 서까래위에 덧서까래(부연)를 달아 꾸민 처마

추녀	합각, 모임지붕의 귀서까래를 받치는 대각선 방향으로 거는 경사진 부재
골추녀	지붕골이 되는 좌우 지붕면의 서까래 (=회첨추녀)
붙임혀추녀	사래 옆에 붙이는 반쪽으로 된 서까래나 부연
추녀각	추녀끝에 새김질 한 것, 눈각
사래	처마서까래에 부연을 달아 겹처마로 하였을 때의 부연의 추녀
회첨	'ㄱ'자형 건물에서 지붕골의 좌우에 있는 처마가 합쳐지는 곳
평고대 (초매기)	처마서까래나 부연의 끝에 걸쳐댄 가는 수평부재, 겹처마때 서까래 평고대를 초매기, 부연평고대를 이매기라 함
착고	지붕마루 기와골 위끝을 막아 대는 기와
착고판	구획된 좁은 간 사이를 막아댄 널. 당골판
개판	지붕이나 서까래 위를 덮는 널. 지붕널
부연개판	부연위에 까는 개판
연함	평고대 위에 골을 파서 처마끝 암기와를 받는 재. 연암
박공	박풍. 팔작지붕이나 맞배지붕에서 양 옆면의 마구리 부분
삼량집	앞뒤 기둥에 주심도리를 얹고 보를 건너지른 다음에 보 중앙에 대공을 세워 종도리를 올리고 양쪽으로 서까래를 얹은 집
오량집	주심도리와 종도리 사에에 중도리가 하나 더 걸리는 구조
용마루	지붕의 중앙부에 가장 높이 있는 수평마루
내림마루	지붕면에 따라 경사져 내린 마루의 총칭
서까래	비탈진 지붕면을 만들려고 도리 위에 촘촘하게 설치하는 구조요소. 연목
장연	중도리에서 처마끝까지 내밀어 건 긴 서까래
단연	오량기둥에서 마룻대에 거는 짧은 서까래. 상연, 동연
평연	일반 처마면에 있는 서까래. 들연, 처마서까래
선자연	추녀 옆에서부터 면서까래까지 중도리의 교차점을 중심으로 부채살처럼 방사형으로 배치한 서까래. 선자서까래
부연	처마서까래 끝에 덧얹어 처마를 길고 아름답게 처들어 주는 서까래
부연초	단청에서 부연(덧서까래)에 그린 문양
목기연	박공, 까치박공 등의 박공널에 직각되게 거는 서까래. 모끼연, 모끼서까래

❋ 지붕 및 기와

지붕의 종류	
맞배지붕	건물의 모서리에 추녀가 없고 용마루까지 측면 벽이 3각형으로 된 지붕
우진각지붕	용마루에서 지붕면이 사방으로 다 비탈져 있어 박공이 없는 지붕
팔작지붕	여덟팔자모양의 내림마루를 갖은 지붕(=합각지붕)
부섭지붕	서까래의 윗머리를 다른 벽에 지지시켜 달아낸 지붕(=눈썹지붕)
기와의 용어 이해	
숫기와	전통기와의 반원통형 모양기와. 암기와와 암기와 사이를 덮는 반원형의 기와.
암기와	평면이 장방형이고 가로 단면이 오목한 원호로 된 편평한 바닥기와
막새	처마 끝에 덮는 숫기와에 와당(瓦當)이 달린 기와. 숫막새는 내림새 (암기와에 와당이 달린 것)를 암막새라 하는데서 온 잘못된 말임. 드림새
부고	지붕마루에서 착고 막이 위에 수평으로 숫기와를 옆 세운 기와
착고	지붕마루 기와골 위 끝을 막아 대는 기와. 수키와의 양끝을 오려낸 모양
숫막새	숫기와의 끝의 마구리를 막은 장식기와
암막새	암기와의 끝의 마구리를 막은 장식기와
망와	용마루나 추녀마루, 내림마루 지붕 끝에 얹는 와당이 달린 암막새. 망새

❋ 마루와 난간

마루 용어 이해	
마루	집채 안에 바닥과 사이를 띄우고 깐 널빤지 또는 그 널빤지를 깔아 놓은 곳.
우물마루	마루틀을 짜고 그 사이에 넓은 널판을 짧게 잘라 장귀틀과 동귀틀 사이에 널을 끼워 놓은 마루

장마루	동바리를 받칠 수 없는 이층마루나 누마루에서 사용하는 긴 널을 깐 마루
대청마루	안방과 건넌방 사이에 넓은 마루
툇마루	건물의 기둥 밖 쪽으로 내밀어 메 달린 마루
뜰마루	간 사이가 반 칸으로 툇칸으로 이동하기 편리하도록 만든 마루
누마루	다락마루라고도 하며 지면에서 높게 높여 만든 마루
난간의 용어 이해	
계자난간	난간동자주를 각을 주어 깍고 돌란대를 받게한 난간
돌란대	난간 위에 팔을 걸치도록 만든 둥글거나 각진 둘러 처진 나무
안상	난간 널판, 즉 궁창에 투각을 한 문양의 투창
하엽	계자난간과 돌란대가 만나는 곳에 연꽃을 조각하여 만든 부재
치마널	난간의 귀틀 부분을 감추기 위해 댄 수평 판재

서정호徐廷昊

일본 九州대학 공학부 건축학 전공(공학박사)
현재 공주대학교 문화재보존과학과 교수
(전통건축학, 문화재수복기술, 문화유적복원, 목조문화재보존)
한국문화재보존과학회 이사
한국기와학회 이사
하남역사연구소 이사
경기도 문화재위원(유형문화재분과)
공주시 재정심의위원
천안시정발전연구원 자문위원

논 문

「고대 銘文 陶板의 연대측정 및 재질의 성분분석에 관한 연구」
(『백산학보』 68호)
「高麗時代 銀製龍頭連唐草文자물쇠의 新例와 保存方案」
(『문화사학』 22호)
「粉靑沙器 陶窯止 保存의 必要性에 대한 考察-忠南 燕岐郡 達田里 窯址를 중심으로-」(『문화사학』 28호)
「高句麗時代 城郭의 門樓에 대한 研究」(『고구려연구』 9집)
「벽화를 통해 본 고구려의 집문화(주거문화)」(『고구려연구』 17집)

저 서

문화재를 위한 보존방법론(2009, 경인문화사)

보고서

석조문화재 재해발생 예측 진단시스템 개발
(국립문화재연구소 R&D)
죽주산성 출토 목재유물 보존처리 외 다수
조선시대 청화주전자 수리복원
영국사 출토 철재유물 보존처리
용인죽전지구 출토 문화재복원(죽전 문화재공원 조성) 외 다수
문화재 이전 및 복원관련 용역 다수 시행

그리움으로 찾아가는 아름다운 전통 가옥과의 만남

한옥의 美 ②

초판 1쇄 발행 | 2010년 7월 15일
초판 2쇄 발행 | 2010년 10월 25일

편저자 | 서정호
발행인 | 한정희
발행처 | 경인문화사
등록번호 | 제10-18호(1973년 11월 8일)
편 집 | 신학태 김지선 문영주 안상준 정연규
영 업 | 이화표 관 리 | 하재일 양현주
주 소 | 서울특별시 마포구 마포동 324-3
전 화 | 718-4831~2 팩 스 | 703-9711
홈페이지 | http://www.kyunginp.co.kr
이메일 | kyunginp@chol.com

ISBN 978-89-499-0732-1 04610
ISBN 978-89-499-0730-7 (세트)

값 30,000원

저자와 출판사의 동의 없이 내용의 일부를 인용, 발췌를 금합니다.
파본 및 훼손된 책은 교환해 드립니다.